收纳的艺术

[日] 铃木尚子 著
郑悦 译

从整理内心开始,
打造独属于你的舒适生活

北京联合出版公司
Beijing United Publishing Co.,Ltd.

前　言

我不擅长收纳东西。

可能读者会觉得能出收纳书的人，原本就是整理收纳高手，其实并非如此。

住在娘家过单身生活时，情况尤其夸张。甚至让母亲和祖母都看不下去，轮流替我整理房间。

像这样常常住在一个脏屋子里，我是怎样变得会收纳了呢？这其中，有个契机。

或许在这本书的读者中，也有同样经历的人吧。住在脏乱的房间里，是否不知道为什么，内心就会慢慢地感到不悦？

在凌乱的房间里，无法顺利做家务，经常要找东西，自己也觉得很要命……

某天，注意到自己总是觉得焦虑，我开始向上天祈求："希望能过着更舒适的生活！"

这个想法使我开始认真地对待收纳，并终于变成一个人们口中的"收纳高手"。

现在，我作为生活整理收纳师和私人衣橱收纳师，拜访每个顾客的私宅，教授整理和收纳，以及服装搭配和衣橱整理收纳等课程。

有人会觉得收纳师这种职业很陌生吧。"收纳师"是美国发明的概念，是以"建构"为基础，专业教授思考方法，并帮忙进行空间收纳和整理的人。

蒙各位不弃，我接到了很多客人的订单，但是我能直接帮助的人终究有限。

此次写书的目的，就是希望能够帮助更多和以前的我一样，因为不会整理而总觉得生活不便的人。

收纳师所教授的"生活收纳"，就是结合自己擅长和不擅长之处，寻找到轻松的方法，从而获得理想居住空间和生活的收纳术。总之，就是制定生活收纳的方法。

希望通过收纳服务，使无论之前尝试何种方法都屡受挫折的朋友，可以变身为出色的收纳高手。

本书融合了收纳术和我从不会整理的人变身为收纳达人的经验，总结了创造舒适生活的方法。

另外，我将以自己的生活为例，具体讲述"生活收纳术"产生了怎样的效果。

前言

从事这样的职业,总是会被人问:"尚子的家是不是时刻保持完美的状态呢?"当然不可能。

家是生活的居所,不是样板间。做饭、洗澡、每天过日子,当然会有生活的印记。

不过,一旦感到家里乱的话,在我家有十五分钟内可以恢复原状的收纳机制。

使用收纳术之后,家中所有东西都有固定位置,不需要每天都耗费精力地进行更换摆放方式的"整理"。只要维持干净整洁的状态,做好"把拿出来的东西放回原位"的日常工作即可。

虽说每天都能彻底整理最为理想,但"每周整理一次"的宽松策略也没什么问题。即使略有东西堆积,只要知道物品放置的地方,家里很容易就能变成整齐的状态。

而且,在整理好的地方,可以拥有按照自己的喜好来装饰的奖励。如果善用绿色装饰得好,会让人在清爽的空间里产生想要读书,或者按照心中的理想继续整理的心情。

本书会在第 1 章详细讲述什么是"收纳"带来的舒适生活。第 2 章说明收纳的基本规则,第 3、4 章进入实践篇。

收纳的艺术

最后一章介绍我自己的价值观,并展示我家的照片,供大家作为参考,以便于按照自己的价值观打造收纳结构。

这本书如能帮助大家拥有理想的家,并轻松地度过每一天的话,荣幸之至。

目 录

前　言　001

第 1 章　"收纳"所营造的舒适生活

为什么要收纳？　003

整理是手段而非目的　007

主妇是家中的制作人　011

到底为谁而整理？　014

整洁是可以传染的，脏乱也是……　018

首先要整理自己　020

什么时候开始？　023

要是无法整理看得到的东西，也就无法整理看不到的东西　027

不要细数没有的东西，而是细数拥有的东西　029

整理可以清理出通往机会的入口　031

第 2 章　打造收纳结构的基本方法

习惯性整理与合理收纳之间的区别　037

收纳是选择的技术　039

首先掌握所有东西　043

无法丢弃的东西最让人难办　046

收纳的目标是让所有的东西都有处可寻　050

并非只有一种做法　052

答案就在你心中　054

你觉得整洁就是对的　056

自己决定，并且负责　058

第 3 章　整理的思路

首先要了解自己　063

试着了解惯用脑　063

整理工作中，觉得自己不擅长哪部分？　068

什么会让自己觉得心情愉快？　073

你觉得最重要的是什么？　076

无论何时何地都可以进行思绪的整理　076

了解自己的喜好　078

掌握现状　079

理想的空间是什么样的？　079

第 4 章 整理的行动 收纳七步法

收纳的七个步骤　083

Step 1 **全部拿出来**

从哪个房间开始？　085

从哪里开始？　086

一次拿出多少？　086

Step 2 **选择**

选项在三个以上　087

拿起物品，三秒钟内分类　088

选择适合自己的方法，制作矩阵图　088

Step 3 **分类**

按照性质和类型分类　092

按照配套使用的组合分类　093

Step 4 **临时放置**

需要临时放置的理由　094

临时放置时要放在哪里？　095

| Step 5 | 决定位置

　　放在哪里能轻松收纳？　097

　　要东西，还是要空间？　098

　　同类物品放在一起　098

　　决定位置的方法并无定论　099

　　常用的东西要易于取放　099

　　眼手所及的范围是什么？　100

　　将容易被随手放置的物品放在"特等席"　100

　　家人使用的物品要如何决定位置？　100

| Step 6 | 决定收纳的方法

　　要如何收纳？　102

　　收纳并不需要很麻烦　103

　　考虑惯用脑　106

　　必须测量尺寸　107

　　挑选收纳用品的重点　107

　　设法让文字信息不使人厌烦　109

| Step 7 | 维持

　　整顿入口　110

　　了解购买的偏好　111

　　每次用完都放回原处　112

　　不断精益求精！　113

在人生不同阶段重新审视　113

维持，同时制定自己的规则　114

用喜欢的收纳用品和室内装饰来保持收纳动力　115

第 5 章　这是我的价值观，你的呢？
——按照区域介绍自己家

厨　房

关于厨房　120

相关物品都放在一个地方，做便当最有效率　122

收纳方法"不拘一格"　123

并列三个以上的收纳容器与消除视觉压力　124

易于取出的"两成物品"与消除小压力　126

收纳位置要到"门牌号"　127

让孩子可以自己动手　128

目的是让孩子帮忙　130

经常使用的食材要放在符合主色调的玻璃容器中　132

将调料装进统一的容器中　134

用单词本记录调味汁的使用秘诀　135

提高动力　136

这里只放这些　138

塑料袋类只放在这里　139

以最大容量为衡量标准　140

衣　橱

关于衣橱　144

"临时放置碗"　146

选择适合衣服的防尘罩　148

选择设计一致的衣架　149

要一下子就能取出　150

做到一目了然　152

全身镜与踏垫　154

穿过一次的衣服怎么办？　155

收拾饰品是每年的乐趣　156

包按照颜色大致收纳　157

无法丢弃的　158

贴心收纳　160

客　厅

关于客厅　166

减少体积　168

大致收纳　169

能让人看到的都是喜欢的，不想看到的都隐藏起来　170

思考变成什么样才好　172

由最不会整理的人做决定　173

为了在此处完成工作而归类　174

思考方便收纳的方法　175

储物室

关于储物室　178

大致收纳与利用深度　179

毛巾的收纳　180

能马上清扫的收纳方式　182

浴　室

关于浴室　186

消除麻烦　187

可以随身携带的收纳方式　188

两处收纳也可以　189

防止文字过多　190

儿童房

关于孩子的收纳　194

给随手乱放的玩具指定位置　196

孩子能握住物品之时，就要开始学习整理　197

考虑什么方法最合适　198

孩子的 T 恤也采用和大人一样的收纳规则　199

卧 室

卧室不是放东西的地方　202

玄 关

关于玄关　204
把必须放在这里的东西收纳起来　205
喜欢的鞋子按颜色收纳，便于搭配　206

其 他

不知该放在哪里的东西　208
孩子的资料　209
给要熨的衣物和要还的东西规定好摆放处　210
纸袋的收纳　212
旅行用品的收纳　213
家庭账单按月份收纳　214
包里的随身杂物放在客厅的篮子里　215
轻松收纳信件、贺年卡　216
信件相关的东西要放在一起　217
整理理想　218
孩子的纪念物品　219

后　记　220
出版后记　222

— 第 1 章 —

"收纳"所营造的舒适生活

为什么要收纳？

"您觉得家里变成什么样子才好呢？"

"曾经因为整理而花掉的时间，以后打算用来做点什么呢？"

"您觉得以后的生活变成什么样才好呢？"

这些都是我提供整理收纳服务时，首先向见到的客人提出的问题。

很多人的回答是"和孩子一起悠闲地读书""手里拿着咖啡，好好思考一下未来""学习花道之类的技艺"等，都是希望自己有额外的时间。

也有很多人想要"舒适地生活""希望不再焦虑""可以温柔地和孩子打交道"等，希望得到内心的闲适。

从这样的对话当中，人们可以很清楚地了解到，"收纳"并不只是简单地收拾。

因为不会整理而烦恼的人，一旦成为收纳高手，就会得到"额外的时间"和"心灵的闲适"，人生同时好转起来，每天开始满足而充实地生活。

"这也太夸张了吧！"也许有人会这样想，但这却是不折不扣的事实！

比如，请试想一下早上为孩子做便当的那一幕。

有个叫作 A 太太的人。

A 太太心里想着做什么样子的便当，打开了冰箱。在冰箱里翻来翻去地找东西，终于找到了想用的食材。拿到手里时，下面被盖住的过期食物突然映入眼帘，"又浪费了"，从而心生罪恶感……

刚调整好心情，踮起脚拿便当盒，把手伸向东西放得满满的橱柜，结果各种物品犹如雪崩一样倒了下来，噼里啪啦地掉到自己的头上……

"够了！已经够忙的了！"焦躁地将散落的东西放回原处，寻找用来把香肠划成章鱼造型的小刀，却到处都找不到。

时间就这样一眨眼过去了，眼看就要来不及送孩子上学了。这时候，孩子穿着睡衣拿着玩具出来，连衣服都没换。"干什么呢！" A 太太斥责着孩子，孩子被吓得大哭。丈夫安抚道："好了，好了……""什么啊！" A 太太继续散发着自己的不高兴，一场争吵一触即发。

这种情形下，由于本来就没时间，因此无论听到什么，都容易心情烦闷。

然而，像这样过着既没有"时间"，又没有"内心闲适"的生活的人并不在少数。读到这里，有人会感觉心头一跳吧？

还有一个叫作 B 太太的人。

B 太太心里想着做什么样子的便当，打开了冰箱（到此为止都和 A 太太相同）。

顺利地从冷藏室固定的位置拿出新鲜的食材，转向橱柜，想着"今天就用红色的便当盒吧"，一下子就取出了自己想要的便当盒。

马上找到喜欢用的小刀，插进香肠，对着女儿温柔地说："刷完牙换衣服好不好？""别忘了带手帕和纸巾哦。"像这样心情愉悦地做着具体指示。女儿也开心地回答："好的！"

还有剩余时间，再用火腿和黄瓜制作了有颜色的便当装饰。"好可爱啊！"换完衣服的女儿高兴地惊呼道。

准备出门的丈夫来到厨房，和 B 太太相视微笑："今天也要加油哦！"

早上要是从好心情开始的话，这一天都会有觉得好事要发生的预感，很不可思议。

A 太太和 B 太太，度过了正好完全相反的早晨时光。实际上，这两者都是我自己的经历。A 太太是以前不擅长收纳时的我，而 B 太太则是现在解决了收纳问题的我。

像 A 太太那样，不管做什么都感到有压力，耗费大量不必要的时间，生活本身就不会过得太顺利。比如和家人的关系变得不融洽，因为迟到而失去上司的信任，因为找不到东西而感到苦恼……

相对地，如果可以像 B 太太那样过着有效率的生活，就能够学习花道等技艺、享受悠闲的时光、和家人轻松地相处，进而用积极的心态度过每一天。

在一天当中，我们究竟要做多少次拿出来、放回去的动作呢？

某天早晨，我仅仅在厨房里待了三十分钟，试着数了一下，大概有二十五次。如果几乎站在同一个地方拿出来、放回去，那还算好，但是如果必须到处移动找东西呢？若是换算成在一天里做这种"拿出来、放回去"的动作所需的时间和体力，结果将是惊人的。也难怪人们会觉得"家务活是麻烦的工作"，并因此而感受到压力。

收纳虽然是小事，却不可小觑。

如果想把家整理成整齐的居住空间，就请重新试着考虑"为何要收纳"这个问题。

我会再进一步解释原因，明确"收纳的目的"，可以让不想做且不擅长的整理工作尽可能地被做完。另外，这也是保持整洁空间不再杂乱的不可或缺的因素。

整理是手段而非目的

我经常在客户家中上整理课,同时也作为讲师,做收纳整理的演讲。

有很多人参加我的讲座,希望"成为会收纳的人"。每个人来参加的目的都是"收纳"。

来听讲的人当中,有很多人找了许多相关的收纳书和整理博客,看完之后想着"这样做或许可行",进行了尝试。

然而,其中不少人觉得"按照书上写的扔掉了东西,不知怎么仍然不是自己想要的""房间在某种程度上整理好了,但还是每天都觉得焦虑",心中还是留有遗憾。

实际上,我也曾有过这样的经历。

我从小就不擅长整理,是个不会整理的孩子,甚至被人取了"乱丢鬼"的外号。我经常丢三落四、找不到东西,也经常迟到……而且我不擅长时间管理,人生中相当多的时间都被浪费了。

这样的生活要是自己一个人过也就罢了，结婚后就不能这样了。

特别是生了孩子之后，不会整理也使家中暗藏危险。同时，作为言传身教的一环，收纳对孩子的教育也很重要。然而，自己被不熟悉的育儿生活弄得手忙脚乱，家里总是乱七八糟，甚至内心都觉得混乱。

我想要让自己从这种恶性循环中解脱出来。在手里拿着收纳书，试着一点点整理出了一个抽屉后，我体会到了成为全职主妇之后久违了的成就感。

从此，我每天都过着认真收纳的生活。只要有空，就如饥似渴地读收纳书，将所有的空间和缝隙都塞满东西。

但是，看起来令人满意的整洁空间只是暂时的，只要增加一点儿东西，马上就会故态复萌，总让人觉得要忙着整理。结果，因为家里整洁而获得的幸福感马上就消失了，和家人的关系也开始变得紧张……

在每天都不开心的生活中，我开始了"自问自答"。

"我想做什么呢？想要过怎样的生活？"

我意识到，与"如何收纳物品"这个问题相比，**更重要的是整理思绪，思考自己想要过什么样的人生、对自己而言最重要的事情是什么。**

于是，我改变了整理方法和有关收纳的思考方式，也因此改善了和家人之间的关系。孩子不再惶恐不安，丈夫也开始增加交流，家里变得充满了活力。

整理这个行为并不是目的，而是用来达成某个目的的手段罢了。

找到整理的目的！

"整理房间之后，想要和谁过什么样的生活？""在整理好的房间里，你会露出什么样的表情？"

这些事比什么都重要。

希望你首先努力想清楚要有怎样的人生——"自己的未来"，要和家人如何生活——"家的未来"，最后还有家这个场所要如何使用——"房子的未来"。

整理的方法有无数种，但是描绘的理想未来，将决定你要采取什么样的行动。

比如说，希望孩子不再惶恐不安地生活，希望家人其乐融融地围坐在餐桌前。为了实现这样看似简单，实则并不简单的目的，要有怎样的空间才能与之相配呢？

"希望孩子不再惶恐不安地生活"，这就需要在设计家中的收纳格局时，使物品易于取放，令费时费力的家务活和育儿活动可以顺利进行。

"尽快干完家务，做自己最喜欢的针线活"，如果这样打算的话，就没必要强制性减少缝纫材料的数量。减少其他物品，使缝纫材料易于取用不是也不错吗？

　　要求提供收纳整理服务的顾客家中有各种各样的情况。有的家里是地板上散乱地摆放着东西，行动不便，也有的家里是偶尔收拾一下就会令人感觉非常干净整齐。
　　然而，我在拜访任何一间房子的时候，总是会感受到相同的心情。
　　我希望任何人都能从无时无刻都要整理房间的紧迫感中解放出来，拥有可以放松的空间，更加珍惜自己。
　　特别是拥有家庭的时候，主妇总是优先考虑家人而后考虑自己，但是在整理之后的未来蓝图中，应该有你凝视着幸福家庭的身影。
　　我希望你不仅是为了家人，也是为了感觉住得不舒服的自己，思考在什么样的空间里才能够放松愉快地生活，并开始试着整理。

主妇是家中的制作人

关于家务活,大家都是怎么看待的?

"谁都能做到""谁做都差不多",不管在哪里,身边总是能听到这类轻视主妇工作的话。

现在很多20至40岁的女性和她们的母亲那一辈不同。她们完成了学业,在结婚生子之前,工作了很长一段时间,在工作中获得成就感,并且可以自由地支配工资,享受一个人的时光。

然而成为家庭主妇之后,生活全部发生了变化。

主妇这个职业和公司里的工作不同,没有办法按照每个项目完成工作内容,也不能按时下班。

既得不到别人的赞赏,有成就感的时候也不多,所以有人很可能觉得主妇这项工作是"没有回报的"。

然而,英国的某项调查显示,家务劳动平均每天要花费13.5小时,若是用专业家务工作者的时薪换算,相当于年收入1200万日元。可见这是一份很辛苦的工作。

实际上，所有负责家务的主妇，都是家中舵手般的重要角色，因为她们能够让家人过着舒适的生活。

做饭、缝纫、打扫、整理、教育孩子、和妈妈们交流，以及管理一家的开支……这对动手能力、计划能力、交流能力、经济观念等都有很高的要求。换个角度来想，做到完美主妇，可以说是比任何一项工作都要更辛苦的。

我觉得主妇就像**家庭电视连续剧的制作人**一样。这部电视连续剧的质量好坏完全取决于制作人的水准。总之，是由自己来决定这个家庭是否会变好。

不过说实话，即使现在有人问我是否喜欢做家务。我的真心话仍然是：觉得麻烦，不是自己最喜欢的事。

不过我觉得："为了能做自己更喜欢的事情，不感兴趣的事情也要做好，我希望光明正大地拥有自己的时间。"

为了挤出自己的时间，对我来说，更轻松且有条理地完成家务是必不可少的。

在公司为了提升业绩，需要考虑工作效率，在家里也是一样。要怎样提高业绩呢？关键就在于整理。

整理是对做饭、清扫、洗衣等家务活都有影响的重要家务。整理出活动线、采用取放方便的收纳方式、减少东西找不到的情况，这样就能在短时间内获得高品质的成果。

到底为谁而整理？

有家庭的人当中，很多人会觉得："为什么总是我必须收拾！"

休息日全家人一起游玩归来，其他人看着电视，自己却要一个人将出去玩的东西都整理好、准备晚餐，想想就觉得烦躁……

我自己也一直在设法消除这种不公平的感觉。

那时候，我在东西多到泛滥的家里，经常对脏乱的空间和家人感到不耐烦，过着相当不开心的日子。

于是，我心想："只要把这个脏乱的房间整理干净，也许全家人就会变得心情愉快，过上舒服的生活。"然后，我开始整理房间。因为原本不擅长整理，花费的时间比别人要多一倍。尽管好不容易整理好了，不知为何，对家人的不满、彼此间紧张的关系却没有得到改善。

"至少你要收拾行李！"

"可是要收到哪里呢？"

"妈妈，我渴了……"
"真是的！你自己去倒水！"

对家人的不耐烦还是没有改变。
"到底是哪里出了问题呢？"

这时，我正好去听了日本生活整理收纳师协会（参见第64页）的讲座。讲座的问卷中，有一个问题是："假如家里着火了，你会带着什么逃生？"

虽然我没有想出任何一件要带走的东西，但是想象到那个瞬间，脑海中突然浮现出自己看着丈夫和孩子从着火的家门平安逃出的情形。

这时，我意识到，对我而言家人是不可取代的存在。无法忽略的是，我强烈地希望家人能够幸福。

总之，不是口头上说说"家人很重要"这种场面话就可以了，而是为了让自己能够笑着生活，无论如何也要让家人都生活得快乐。

与此同时，我也发现自己自以为是为了家人，拼命地努力整理，但是却从来没有问过他们的意见。意识到这一点使我自己感到非常错愕。

我环顾房间，仔细思考，发现也许是自己的整理方式有

收纳的艺术

问题。

我只是根据自己的情况进行收纳，导致只有自己可以取放物品。因为除我之外，没有人知道什么东西在哪里，连孩子用的东西，也都被我放在了孩子拿不到的地方。

要怎么做才能让家人更加自立，可以自己处理自己的事情呢？这就需要我试着考虑解决方案。

首先，我问回家的丈夫，希望怎样收纳。他的回答是："到现在也不知道哪里放着什么，东西拿出来后，空间还是满满的，也没办法硬塞回去。"

在此之前，我想给家人的整洁空间，只有外表上看起来不错，一旦打开柜子，就会发现缝隙里像是在玩俄罗斯方块一样，塞满了东西。完全不知道什么东西在哪里，对家人而言（实际上对我也是一样），这是个很不方便的家。

其次，对于经常把东西拿出来就到处乱丢的孩子们来说，他们会希望知道哪里能放什么，并且容易放回去，甚至有时会提出更具体的要求，比如"这里对我来说太高了，不好拿，我觉得放在那里比较好"。孩子们也有他们自己的理由和需求。

丈夫以前总是随心所欲地将脱下来的睡衣放在洗面池旁的架子上，或者更衣室的凳子上。

我问他："你为什么把衣服脱下来就随手乱放呢？"他这么回答："我不知道要把穿过的睡衣放在哪里啊。"

我想了想，在时间紧迫的早上，要求丈夫"把睡衣叠好再放在某处"确实是有难度。所以，我在他上班前换衣服的步入式衣帽间里放了一个收纳筐，告诉他可以把睡衣直接丢进去，结果问题十分轻易地就解决了。

而这个一进入衣帽间就能看到的收纳筐，是按照我的喜好来挑选的。这就是协调自己和家人的价值观的方法。

考虑到家人使用物品的随意性，试着找到轻松的收纳方法之后，会出现很多让人开心的事情，比如孩子们再也不会问"妈妈，××在哪里"，每个人也不乱丢东西了，自己的压力随之减少，能够心情愉快地生活，连身边的人也都开始充满了活力，真是不可思议。

结果证明，思考对家人而言方便好用的收纳方法，受益的不仅是自己。

你的行为总会获得回报。

整洁是可以传染的，脏乱也是……

假设你去别人家的时候，忘记把圆珠笔带回来了。

如果是收拾得干净整洁的房间，主人很快就能发现角落里有一支掉落的圆珠笔。

相反，如果在堆满东西的架子上放一支圆珠笔，主人一定很长一段时间都不会发现。

在这种杂乱无章已经成为日常景象的地方，物品会吸引来更多的物品，就会变得越来越脏乱。

当然，这也会对住在家里的人们产生不好的影响。不知不觉间，物品散乱的景象变得理所当然，衣服也扔得到处都是，拿出来的东西就随便地放在别处，大家也不会觉得不对。

一旦把散乱一地的状况视作正常现象，即使东西掉在地上，家里的孩子也不会捡起来……

更甚者，还会发生这样的状况。

客户家的走廊上有很多座小山。当我问到"这是什么"时，客户回答："是昨天穿过的毛衣。"

"毛衣下面的东西是什么？"据说是前几天出去玩时背的包，原样放在那里。

我又问："那包下面的东西是什么？"对方自己也不确定："嗯，是什么呢？"好像是在丛林中行进一样，拨开一看，是半年前收拾时打算扔掉的垃圾，客户自己也吓了一跳。

公园的公共厕所里要是被谁放了垃圾，很快那里就会塞满垃圾，最后连墙面也会满是乱涂乱画……一样的道理，脏乱也是会不断传染的。

但是，也有相反的事！

我在做时尚收纳服务工作的时候，有客人在听了服饰搭配的讲座后，自身变得越来越漂亮，因此希望获得和自己相符的居所，注意到这一点之后，家里也开始变得整洁起来。这样的例子并不少。

整洁会在家中产生连锁效应。而且，这种效应并不仅限于自己。

我听说了很多孩子开始自己清理垃圾，丈夫也主动帮忙整理的反馈事例。

整洁会传染，脏乱也是。

不过，也有开始整理了，可是却没有马上收到效果的情况。

这时候，千万不要放弃！

更重要的是让家人看到你为保持整洁而付出的努力。这样的话，丈夫和孩子也会感受到你虽然不擅长整理，但是却希望保持整洁的愿望。

首先要整理自己

常有人说，不整理家里的理由是"因为其他人也不收拾"。的确，有些家里会有不断拿出玩具的孩子，或者粗枝大叶、生性懒散的丈夫。以前我也总是这么认为，也经常会听到客人说"希望孩子会主动收拾""丈夫能帮忙做点什么"。

然而，这到底是"谁"的错呢？

举例来说，虽然有些刺耳，但是对着孩子怒吼"收拾好！"的时候，家里是不是不仅因为有孩子拿出来的东西，还因为有自己到处乱丢的东西，而导致整个房间都非常乱呢？

此外，还有人来我们这里尝试收纳服务，是因为"和丈夫共用一个衣帽间，看到丈夫的东西总是乱糟糟的，为此感到烦躁"。结果咨询后，发现妻子的那一侧也同样乱七八糟。大部分情况下，烦躁主要是因为自己不会整理。

因此，**整理首先要从自己开始。重新审视自己的所有物品，从它们开始整理，进展就会顺利很多。**

我在"整洁是可以传染的，脏乱也是……"那一节也提到过，很多人发现自己变得整洁有序之后，丈夫和孩子也会主动开始整理。

和不断喊着"收拾好!"相比,这样效果更明显。

通过整理自己,获得整洁空间,也会对周围环境产生良好的连锁反应。

而且,认真审视自我,也可以更加了解自己。举例来说,我意识到我以前,给自己布置了一个任务是"该有的形象"——必须要做贤妻良母,必须努力做好分内的工作,必须要成为别人眼中的优秀女性……

那时的我,向往着杂志里介绍的时尚生活,也有一些逞强、虚荣。结果那种过高的要求束缚了自我,对我造成了很大的压力。

"不要烦恼于外部环境,获得适合自己的、合理的舒适感,开心地生活吧!"

我下定了这样的决心,决定让身心回归简单的生活,因此先整理了因为虚荣而买来的不必要的东西,然后重新收拾了家里。

适合我的不是费功夫的漂亮料理,而是轻松美味的家常饭菜,因此我不需要那些功能各异的锅和烹饪器具。

还有想被别人夸赞漂亮而买来的餐桌配套物品,为了让孩子成长为出色的人所买的育儿玩具和教材,以及并不适合自己、过于华贵的装饰品……

处理掉许多东西,卸下心理上的重担后,终于让我有了一种从压力和紧张感中解放的感觉。

  我意识到了对我而言，真正有价值的东西。希望大家都能借助整理，亲身体会到这种幸福感。

什么时候开始？

读到这里,有人会觉得"整理很重要啊""有很多效果呢",从而产生一点干劲。

但是,也有很多人心想:"等到孩子再长大一些……""到春天再说""等到天气更暖和点的时候吧"。还有人会想:"搬家之后再整理吧。"

我经常遇到计划搬家、需要提供整理收纳服务的客户,所以总是能听到"希望知道搬过去之后该如何进行收纳""请帮我规划一下省时省力的收纳计划"之类的要求。

不过,当被问到"什么时候委托你们最好"时,我会回答:"要是对现在的状态不满意的话,搬家后也不会改变。虽然暂时可能会觉得居住环境非常好,但很快又会变得和现状一样。因此,在现在的住处,想到了,就要开始整理。"

带着不必要的东西搬家,大多数情况下,不必要的东西会在新家不断增加,最后变成和现在差不多的状态。

本应该以崭新的心情，在新家开心地生活，但是很多人还没来得及适应新的环境，新家就比之前的家变得还要乱七八糟，甚至家人之间的关系也开始恶化。

相反地，在现在居住的地方，整理好家里拥有的东西，只把适合新生活的东西打包搬走，很自然地，在新环境中生活时，就能游刃有余地整理收纳。

这种方法不仅适用于搬家，也适用于生活出现变化的时候，比如孩子入幼儿园、进小学，或者自己生孩子、重新回到工作岗位等。

如果能在这些"生活突然出现变化的时刻"到来之前就开始准备，当那一刻来临时，就能从容地适应人生的变化。即使遇到了更重要的需要花费时间的事，也可以有时间思考并解决。

什么时候开始，什么时候改变。只想不做，是不会有结果的。

根据我迄今为止给很多人做咨询的经验来看，无法进行整理的原因不是"没有时间"或者"不会"，而是"以后再说吧"。

"以后再说"的结果就是，情况随着时间的推移而越来越糟糕，太多不需要的东西被积攒下来，到最后自己都无从下手。

无论如何，请记住**现在的行动直接联系着你不远的将来。**

不过，也有例外。比如刚生完孩子需要调理身体时、有

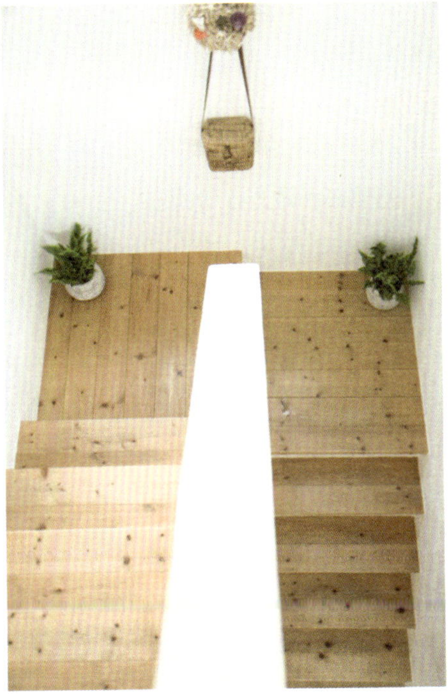

需要护理的家人时，或者是工作突然激增时，就不是"整理的时候"。这种时候，应当考虑该以什么为优先，而且"延后"也是一种选项。尽管如此，如果觉得现在确实是整理的时候，也可以借助专业人士的帮助来完成。请把你的时间用在只有你能做的事情上。

看到这里，如果觉得有必要整理，请想想这句话——**"下次再说？不，就现在，马上行动。"**

且慢，在此之前，请先赶快读完本书！

要是无法整理看得到的东西，
也就无法整理看不到的东西

要如何安排每天只有二十四个小时的时间？要如何从世间大量的信息中筛选内容？要如何理顺复杂的人际关系？人生有无限的选项。

不会整理的人，往往不擅长安排事物的优先顺序，也不知道该如何选择对自己而言必要的事物。

要是整理不好看得到的物品，当然也就无法整理好看不到的时间、信息和人际关系。

在整理的过程中，不可或缺的步骤是弄清楚物品是否需要，并按照使用频率的高低，将物品依次收纳好。其中最重要的是"选取自己最想珍惜的东西"，这项技术可以衍生出决断力，从而活用于其他场合。学会整理之后，在各种各样的场合中，很自然地就可以看出什么是对自己来说最重要的。

而且，整理东西的习惯也是对孩子的教育中不可缺少的内容。整理这项活动不仅可以让孩子了解到人很难得到所有东西，也可以作为孩子选择最佳方法和人生道路的练习。

练习整理自己的玩具和衣服，渐渐地就可以养成良好的习惯，比如自己规划管理学校的课程表、作业、爱好的练习时间，以及玩游戏的时间等。

　　通过练习选择对自己而言重要的东西，可以逐渐了解什么才是让自己开心的事物，从而生活自然会受到引导，变得舒适起来。

　　从整理看得到的东西开始，我希望你能够愉快地掌控自己的人生。

不要细数没有的东西，
而是细数拥有的东西

以前的我，总是念叨着自己没有的东西，像是"我不像某某一样，做得好××""我没有那么好的××"等。

虽然我现在做着衣橱整理收纳师的工作，但是过去我也曾对人生充满了不满，过着无论是育儿还是其他家务都不顺心的生活，每次看到衣橱塞满衣服、凌乱不堪，都会觉得心情烦闷。

每当要出门去哪里时，我就会念叨着"看起来不漂亮是因为没有那件外套""如果没有那件饰品，就无法打扮得好看"，然后疯狂地购买，所以无论怎么整理，都会变回原状。

回想起来，当时我的内心充满不安和不满，连自己都嫌弃自己，因此才会只注意到"没有的东西"。

可是，有时我会觉得，自己也有了不起的一两件事吧……后来，我试着细数"自己拥有的东西"。

接下来怎样呢？自从我不再与人作比，而是认同自己之后，每天的生活都开始变得惊人地顺利。这个世界上，人们常常以拥有的地位、学历、人脉等，来评估一个人的价值，但是自己的价值是由自己决定的,没有必要迎合他人的价值观。

学会整理会获得愉悦的心情,也会带来小小的幸福感。

比如,家人气氛融洽地围坐在餐桌前,孩子可爱的举动,在工作场所听到的令人开心的一句话……

在被物质包围的生活中,很容易疏忽这样的幸福。

早一点开始整理,你一定会感受到那种可以细数自己"拥有的东西"的幸福。

整理可以清理出通往机会的入口

学会整理之后,新的机会和幸福也随之而来,你自己也可以变得能抓住机会和幸福。

因为整理也就是"清理出通往机会的入口"。

从一个地方开始整理,整个家渐渐变得井然有序时,你一定会感受到变化。这是从小就不擅长整理的我,懂得整理之后的体验。

对于自己以及其他家庭成员来说,简单轻松的收纳,可以大幅减少找东西所花费的时间,也可以减少生活的压力。时间会逐渐宽裕,内心将变得从容,而且也不会浪费金钱。这和人生中新可能性的产生密切相连。

请允许我用自己的经历为例说明。

首先,家里有了可以随时招呼友人的空间,增加了和朋友愉快聊天、消磨时光的机会。在此之前,我因为局限于家庭,总是觉得闷闷不乐,这之后,我的内心获得了解放,开始意识到与外界联系的重要性。

收纳的艺术

　　此外，造访我家的朋友经常会问我："整洁的屋子是怎么整理出来的呢？"这让我找到了想要挑战的新工作——"帮助和曾经的自己一样，为整理而感到苦恼的人们"。

　　家庭主妇对于给自己花钱这件事，容易产生罪恶感。然而，通过减少浪费，也让我有了多余的钱去参加整理收纳的讲座，报考各类资格考试。

　　同时，很多好事纷至沓来，而其中最大的幸运就是，自己不再因为房间脏乱而焦虑不安，心情得到了平静，从而一直能和丈夫、孩子保持愉快的相处。

　　客户学会整理后，也不断发来令人高兴的报告。

● 整个家变得干净之后，和孩子在一起的生活也变得从容了。孩子会开始说："妈妈变得温柔了。"孩子原本不稳定的情绪，也渐渐变得安稳了。

● 很久没有回想起，刚有这个家时那种激动的心情了。我对为了这个家而拼命工作的丈夫逐渐生起一股感激之情，夫妻之间的对话和外出活动也增加了。

● 以前我觉得，自己能做的事最多就是做家务、带孩子……但是，时间宽裕之后，学习的时间增加了，我决定重新回到工作岗位。从整理好的衣帽间中选择衣服，会有种体会到时尚的感觉。

那么，等待着各位的又会是什么样的好事呢？

整理是让自己可以做想做的事情、开始充实生活的最简单的方法。

这本书的读者当中，我想也有想要开始整理，结果却想不出自己的理想人生和未来构想的人。即使这样，也不需要担心。请不要考虑目的，首先从家里的一个地方开始整理。为了让自己能够自豪地说"起码这里很整洁"而开始努力吧！

我也有客人之前说想象不出未来，却在进行整理的过程中发生了变化，比如"我想起来自己以前对这件事感兴趣""我会试着考虑一下自己的事情"等。

所以，先试着开始整理吧！如果内心变得从容，空间有了空余，你一定会发生积极的变化！

―― 第 2 章 ――

打造收纳结构的基本方法

习惯性整理与合理收纳之间的区别

如果空间是如下的状态，也许就要下定决心，认真对待家中的物品，重新构造收纳结构。

家里经常找不到东西，想要整理却没有收纳的地方……想重新打造一个收纳的地方，那个位置却塞满了物品。若是想要把东西放在那里，就必须先把那里的东西挪放到别的地方，但是在家里根本找不到空余的空间！结果，只能在地板上堆满东西。

这种状态下，当然无法顺利地进行小范围的整理。

尽管如此，大多数家庭都会觉得麻烦、没时间，不愿意全面整理整个家里。

但是，**如果不在某一次付出时间和精力，审视家中全貌，重新构造收纳结构的话，就永远无法从忙于整理的生活中解放出来！**

一旦打造好方便使用的模式，之后就可以做到将拿出来的东西放回原位，维持整洁。

这就是习惯性整理与合理收纳的区别。"放回原位"这个行为是习惯性的整理，而"建立生活的基准"才是合理的收纳。

我以前也没有从整体上重新审视家里的概念，而是今天这里乱了就整理这里，明天别的地方乱了再整理那里……这种情况不断重复。在从整体上建构好家里的收纳结构之前，我浪费了六年的时间，有时候忍不住心想：要是有人能教我的话，我就可以更快地完成整理工作了。

此外，在打造收纳结构之时，有一件绝对要遵守的事。那就是**在打造完收纳结构之前，不要随意地让物品进入家里。**

本来整理就是件很难的工作，如果一边整理，一边让新物品进入家里，那永远都整理不完。

我以前也曾因为尚未决定好东西要放在哪里，所以在整理的过程中，不知道刚买来的收纳用品应该什么时候用，也不知道把不需要的东西先放在哪里好，于是只能先把它们塞进还没整理完的空间。

在整理出合适的空间之前，除了生活必需品，尽量不要买东西，也不要带东西回家。

我家在建构收纳结构的过程中，曾经主要吃家中仅有的干货、罐头，以最低的购买量过活，就这样过了一个多月。直到收纳空间整理好之后，我们节省了数万日元。

请一定不要忘记这项规则，试着开始打造收纳结构吧。

收纳是选择的技术

准备收纳的时候，人们总会先思考"家里有的东西应该怎么收纳""买哪种收纳盒比较好"诸如此类的问题。但是在此之前，必须完成一件最重要的事。

那就是从家里已有的物品中，只"挑选"出今后生活的必需品。

"不知为何"就有的东西，买来之后一次都没用过的东西，是否堆满了家中所有的收纳空间？

比如不知道是什么东西上的配线或螺丝，免费赠送的赠品，买了却发现不好吃的调料，不喜欢的礼物……

这些东西总是令我忍不住嘀咕："要是没有这个，其他的东西用起来会更方便。"它们在你的生活中，真的有用吗？你是否有拼命地思考着要如何收纳这些没有用、不需要的东西，然后在十元店里寻找各种分类收纳盒的经历呢？

经常使用的东西、令人心情舒畅的东西，一定有让人喜欢的理由。

为了今后的舒适日子，选择在家中一起生活的伙伴也是很重要的。

- 能在短时间内做完饭的厨房用具
- 时不时看到就能令你感到内心温暖的孩子小时候的纪念品
- 每天都会让你心情愉悦、变得漂亮的衣服

家里应该只保留对你自己有用的、喜欢的、适合自己今后生活的东西。 你会珍惜自己选择的东西，而它们也一定会加倍发挥出自身的作用。

在外面扮演的角色、打交道的人或事，说实话，自己是无法选择的。

像是不想做却不得不做的工作、不想来往却不得不应对的人际关系……在外面要费心劳力，没必要回家以后还要感受到压力。比如因为顾及情面，心想着"也不是很不喜欢啊……"，而面对那些使用不便的锅和不喜欢的餐具。

在自己家中可以任性一点。

从今以后，不仅是对家里已有的物品，要买东西时，也请三思"这对我是否有用"，然后再购买。

另外，礼物和别人给的东西也是一个令人头疼的问题。

收到礼物时，这个东西就达到了"表达心意"的效果。

所以如果礼物没有用，或者不喜欢的话，还是处理掉吧。

婆婆或妈妈送你无法使用的东西时，也需要注意。**也许她们是想将因为丢弃行为而产生的罪恶感转嫁到你身上。**即便如此，如果它对你来说没有用处，那么就算放在柜子里的"特等席"上也是浪费。要是不方便处理的话，就把它放在不容易拿到的地方吧。

过着美好生活的人，很擅长只选择自己喜欢且经常使用的物品。**舒适的生活是由日常中各种"喜欢"的东西集合形成的。**为了过上自己理想中的生活，一定要学会这项"选择的技术"。

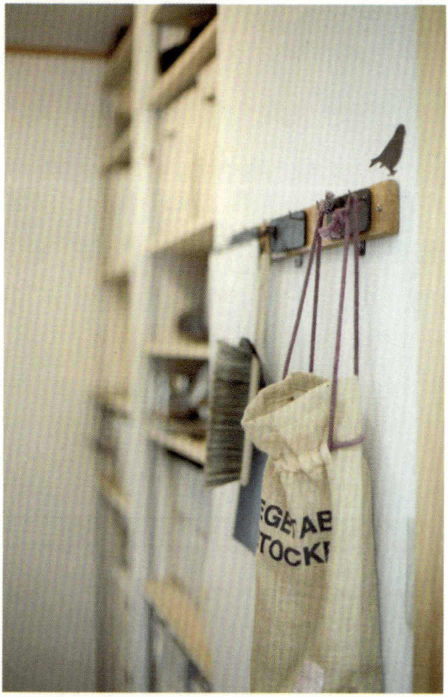

首先掌握所有东西

上一节提到,为了过上舒适的生活,选择自己喜欢的、生活必需的东西很重要。

然而,只是笼统地说"选择",你或许还是不知道要按照怎样的方法进行选择。

为了不留下多余的东西,我来具体说明一下做法。

首先,需要重新检查家中拥有的所有物品。为了选择,掌握自己拥有的一切是不可缺少的。

很多的收纳书中都会写道:"把家里所有的东西全都拿出来。"也许会有人觉得:"不这么做不行吗?只要把不需要的东西拿出来不就行了?"

遗憾的是,"全部拿出来"是不可避免的过程。只是从抽屉、柜子里拿出不需要的东西并不够。这是因为一定会出现"漏网之鱼"。

人往往只愿看见对自己有利的东西,而不去注意不想碰的东西,眼不见为净。这样一来,不管过了多久,不需要的东西依然会占据着家中的空间。

收纳的艺术

因此，将所有的东西拿出来，直截了当地处理它们才是最重要的。

有时候拿出来之后，才会注意到原本觉得狭小的空间意外地很大，或者吃惊地发现原来这里塞了这么多东西……

整理收纳的方法中，首先要将待整理的地方全部清空，把物品摆放在地板上，以便整理。

这时，我经常会从接受服务的客户口中，听到这样的话。

"那是什么？"

甚至会有人问："那是尚子小姐自己的东西吗？"

我把这样的东西称作**"非法入侵者"**。不知道它在哪里，也不知道它是什么时候跑进来的……你不觉得这就是让人觉得可疑的非法入侵者吗？明明是自己的东西，却完全忘记了它的存在。

此外，也经常会听到这样的话，"啊，这个东西在哪里啊？我一直在找呢"。

这是**"居无定所的流浪汉"**！（笑）

这样的物品不仅无法尽到自己的职责，也没有居住地。全是这种物品的地方，会流动着不稳定的空气，也难怪会让人觉得"不想靠近那里……不知怎么就是不喜欢那个地方"。

大家都说自己"不会扔东西",但是一旦注意到空间都被这些不记得、不喜欢的东西占据之后,应该就会说:"这样的东西我再也不要了!"然后很快地把它们处理掉吧。

因此,将所有的东西从每个地方拿出来,再次确认其中放了什么,是不可缺少的过程。

整理的第一阶段,**以掌握拥有的东西为目标。**

首先是"把所有东西拿出来",仔细地查看自己拥有的东西,掌握所有量有多少,然后请丢掉不打算要的东西。

因为重要的空间被用来放这些东西真的是很可惜啊……掌握自己有什么,会大幅地减轻压力。

这时,请允许我提醒一点。一旦决定将所有东西都拿出来,有时就会冒失地把厨房,或者储物室里的东西也全部拿出来,这样是不行的。

应当规划好收拾一次所需要的时间和力气,如果没有那么多时间的话,请考虑"今天只整理厨房的东西"。然后,拿出所有的东西,进行挑选。详细的步骤,请参照第 4 章的"收纳的七个步骤"。

无法丢弃的东西最让人难办

很喜欢的东西、仅仅是拥有就会让人觉得心情好的东西，如果没用了，我觉得也不用丢掉，留下来也很好。

不过，不要将用不上的东西和经常使用的东西混放在一起。不用却想留下的东西，可以作为保留品，移动到不好拿的地方。

不可思议的是，人们总会毫不犹豫地快速选好自己喜欢的东西。

但是相对地，面对特定东西的瞬间，选择的速度会突然降下来。不仅如此，客户有时还会出现判断能力完全"僵住"的情况。

比如说，眼前出现如山一般的英语教材，或几件不穿的衣服时。

这样的东西一放在眼前，原本整理顺利的客人会突然变得话少起来，思考着"还需要吗"，停下挑选的动作。人一旦看到自己不好选的东西，就会突然心生迷惘。

其原因是希望自己什么时候可以讲一口流利的英语，所以到处买课本，结果却还是无法心甘情愿地学习；或者觉得自己不够漂亮，于是着迷一般地购买大量的衣服……

面对着一大堆用不到又无法扔掉的东西，就常会出现这种让人无法选择的情况。

顺便说一句，我自己也曾拥有像小山一样多的清洗剂。尽管塞满了洗面池下面的收纳空间，但我还是会过量地购买。其实，这样做是因为我自己觉得做不好清洁工作，并为此而感到内疚。所以想着"有了这个，就能做好了吧"，然后不断地购买那些宣称"简单清洁"的商品。

此外，在我不会整理的那段时间里，家里的每个角落也都塞满了各种宣称可以提供"方便"的收纳用品。

能否依靠某种物品而改善状况呢？答案是否定的。结果只是让我的清扫工作变得要从擦拭许多清洗剂表面积攒的灰尘开始。这些物品反而变成了负担。

像这样**依靠某种物品，是无法改变你不擅长的状况的。需要更多地关注本质上的问题。**

像下面这样改变思路，对我产生了作用。

"为什么不喜欢清扫"→"因为做了也没结果"→"原本就积攒了大量污垢，脏得要命"→"要怎么做才能不积攒污垢"→"用过之后，立刻擦拭"→"即使不能变得跟新的一样，每天也要记得擦拭"。

像这样彻底地思考了自己做不好的原因之后,我终于为无休止地买清洗剂的行为画上了休止符。

询问自己:"为何做不好?"这样就能发现根本问题。

重要的是,首先意识到自己做不好某件事,接下来再试着向下挖掘"怎么做才能做好"。**尝试改变自己的行为。**

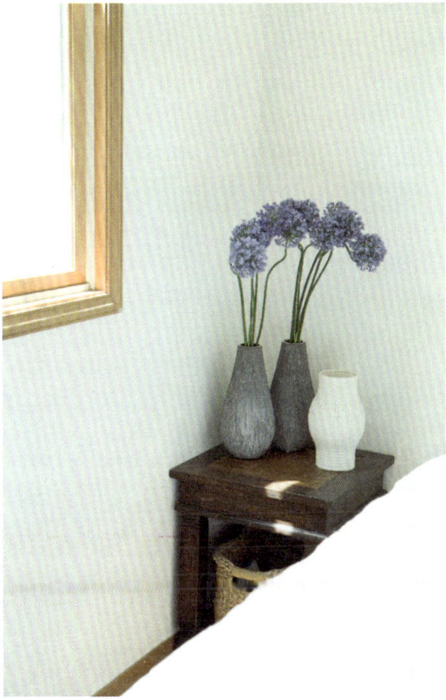

收纳的目标是让所有的东西都有处可寻

要获得自己理想的舒适生活，也许需要花一点时间。为了达到这个目的，需要经过几个阶段。

很多不擅长整理的人，会误会杂志里刊登的漂亮空间是一夜之间布置好的。但是达成那样的目标，一定会经历各种各样的失败。

高水准的空间目标，是不可能一朝一夕就实现的。

目标并不是一气呵成的，而是借由各种微小成功的积累，逐渐达成的。

因此，本书将达成理想空间的目标分成了三个阶段，希望你能切实地实现各项目标。

① 掌握家中所有物品的情况，进行挑选

② 将选出的所有东西都安排好地方，进行收纳

③ 为了让人对空间产生留恋感，按照自己喜欢的风格装饰

如果同时做①和②，整理就会无法顺利进行下去。

很多人一边判断着"要不要",一边思考着要收纳到哪里去,这是大错特错的。

首先,请在所有的场所,都完成挑选工作。

如果在完成这一步之前,先决定东西放在哪里的话,就会在觉得所有东西都已经收纳好的时候,突然发现多出了一堆原本应该整理好的东西,或者是物品被放到了错误的收纳用品里。

因此一定要在完全做完①之后,再切实进入②的工作。②是打造收纳结构的最终目标。

最后,为了使自己拥有"希望保持整洁"的动力,可以使用自己喜欢的装饰风格,选择中意的收纳用品、装饰房间的针织品等。

③是认真完成①和②之后,才能获得的奖励。尽情享受这个过程吧,这也是获得舒适空间的最后一步。

并非只有一种做法

很多为整理发愁的人,都会对市面上的收纳书所教授的内容坚信不疑。

读到书中教的"这个应该放在这里""之所以做不好,是因为没有用这种方法""这种东西应该丢掉",你是不是会觉得一定要这么做?

我自己也曾不擅整理,所以常常会看着自家的情况,心想:"这一点就是书里提到的错误之处……""一定要用这种方式……"明明并没有人在意,却都要按照书本上的内容重新整理。

拜访客户家时,客户也经常问我:
"这样整理不是正确答案吧?"
"这种做法是不是不对?"

在很多客户家做过整理工作后,我感受到,并不是每一次用同一种方法都可以行得通。

家庭成员的构成不同,拥有的东西各不相同,家里的布局也不同,更重要的是,客户的个性、气质、认为重要的东西也各不一样。

因此,完全按照收纳书上写的方法整理,也自然不会顺利。这本书当中,可能也会有与你情况不符的地方,所以不这样做也无妨。

整理没有"正确的方法","对你来说方便容易的方法"才是正确的。所以请丢掉无法按照书本来做的罪恶感,读着这本书,试着探索你自己的整理方法吧。

答案就在你心中

整理的答案即使问别人也得不到。
想要怎么整理,这个答案一直在你心中。

我在提供收纳整理服务时,客户总是说:"我自己整理的时候,因为舍不得扔东西,总是会困在某处,但是与尚子小姐一起整理时,却能做得这么好,简直像有魔法一样!"

我是用了魔法、念着咒语让大家变得会整理了吗?(笑)并非如此。我并不是用了魔法,只是会在整理的过程中对客人提出一些问题而已,像是"这件衣服还穿吗""文具放在哪里方便呢"等。

"不要呢,这件衣服过时了,不穿了""文具放在厨房的桌子旁最方便",大家都会被引导着,毫不迟疑地做出回答。

无论是谁都在潜意识中有明确的答案。

那么,为什么一个人的时候就整理不好呢?

这是因为人在不知不觉中,会避免面对家中的每一件物品去**试着思考。而且很多人从一开始就想要放弃思考。**

整理收纳服务并非像魔法一样,把所有的工作交给别人,就能整理好一切。按照我的想法来整理的话,客人就无法自己维持这种状态。借用别人的答案,是绝不会让整理顺利进行下去的。

如果觉得"这一次一定要整理",就请假装是我,开始问自己问题吧。

你觉得整洁就是对的

有时候拜访委托整理收纳服务的客户时，我会心想："咦？我今天是为何而来的？"

一般都是看上去整理得不错，但是本人却并不满意的情况。

而有时拜访委托时尚造型服务的客户时，我会觉得："今天是订了整理收纳服务吗？"客户说着"对不起啊，太乱了"，却并不是特别烦恼，还会邀请朋友来家里玩。

舒适感因人而异。整齐就觉得幸福吗？凌乱就不幸吗？绝对不是这样的。

不要与别人比较，维持自己接受程度内的整洁比什么都重要。

比如说，考虑物品的分类要细致到哪种程度也是一样的。可以用所在地来比喻物品的收纳地点。如果你擅长细致的收纳，这么做能令自己满意的话，甚至可以把物品细分到"街道、门牌号"。但是如果分得太细，拿出来之后无法恢复原状的话，分到"县"或"区"这种大致的程度就够了。

没必要所有的地方都像杂志里那样完美。为了缩短时间,只放进抽屉里的收纳方式也是可以的。你觉得舒服才是对的。

自己决定，并且负责

经常有客户问我："请告诉我拥有物品的合适数量。"

尤其是因为我也提供服装造型服务，所以经常被客户要求帮他们决定该拥有衣服的具体数量。该有几种颜色、多少件T恤好呢？裤子、裙子有多少条就够了呢？

不仅如此，还有人会问我毛巾、锅的数量。我会解释说："您自己决定这些事情是很重要的。"

比如每天做什么样的饭、是不是把做好的菜放在锅里保存、用来放锅的地方有多大等，这些状况因人而异。

最重要的是，每个人能够管理的物品数量不同。

物品的合适数量是让人能无压力地取放东西，并能在脑海中记住拥有什么的量。

此外，还有客户会问我："放在哪里好呀？放在哪里才能用起来方便？"希望我帮他们做出决定。

虽然确实是有一些基本规则，例如收纳的地方最好靠近使用处、尽量减少不必要的动作等，但是在有限的空间中，物品的收纳位置和摆放的优先顺序会因人而异。

先试着自己决定，在此基础之上再思考更好的方法。

这样就能形成方便自己整理的模式，带来舒适的生活。

── 第 3 章 ──

整理的思路

首先要了解自己

试着了解惯用脑

无论是尝试哪种收纳书里写的方法,整理过程都进行得不顺利,这也许是因为别人的做法不适合自己。十个人有十种个性。每个人擅长的、不擅长的事也各不相同。所以,照搬一个人的做法,并不能让所有人都变成收纳高手。

为了了解自己擅长什么、不擅长什么,可以进行"大脑类型诊断"。

如同"惯用的手""惯用的脚"一样,大脑也存在"惯用的脑",也就是右脑或者左脑更能被灵活地运用。

举例而言,虽然是大致的分类,"右脑型"是按照感觉行事的,"左脑型"是条理清晰按部就班等,但是从中也能看出某种程度的行为模式。源自美国的整理收纳方法认为,应该尽快开始关注自己的"惯用脑",这和整理、收纳都是大有关系的。

收纳的艺术

生活整理收纳师为顾客提供服务时,也会分别考虑两个方面——输入(看到或听到的消息是如何通过耳朵、眼睛等感觉器官进入大脑的)和输出(如何使用这些信息,将其转化成行动)。

在整理过程中,输入被认为相当于"找寻物品的方式",而输出相当于"放回物品的方式"。

如65页图示,输入是以双手交握,输出则是以两臂环抱的方法来确定惯用脑的类型。你是"右右""右左""左右""左左"当中的哪一类呢?

据说惯用脑的形成30%取决于先天资质,70%取决于后天环境。有人因为从事的工作内容而改变了惯用脑的类型,所以如果**觉得不符合实际情况,请将你认为符合自己本性的类型作为参考**,以便能顺利地整理收纳。

---

*　一般社团法人日本生活整理收纳师协会

于2008年设立的非营利团体,目的是向日本推广在美国家喻户晓的、规划空间整理的专家——"整理收纳师"。同时,为了帮助更多的人通过整理收纳减轻人生的压力,过上美好而有意义的生活,而主要进行专业人才培养和推广普及活动。

确定惯用脑的方法

输入（获取信息时，在整理中是寻找物品之时）
十指交握，确认哪一只手的拇指在下面

➡ 若右手拇指在下，惯用脑为右脑
若左手拇指在下，惯用脑为左脑

此插图为右脑

输出（表达信息时，在整理中是放回物品之时）
自然环抱双臂，确认哪只手臂在上面

➡ 若左臂在上，惯用脑为右脑
若右臂在上，惯用脑为左脑

此插图为左脑

大脑类型倾向

右脑型人

直觉灵敏 / 感性 / 富有创造力 / 心多用型 / 善于进行整体观察 / 不擅长做每天固定的事情 / 空间感强

左脑型人

分析力强 / 理性 / 擅长管理日常工作、日程 / 有毅力 / 善于关注细节 / 语言能力强

> * "惯用脑"方法以日本生活整理收纳师协会的定义为基础进行说明。

惯用脑的四种类型

输入右 输出右
右右型

➡ **感性的乐天派**

这类人一想到"开始整理吧",就会毫无计划地把架子上的东西都拿出来,但是三分钟热度一过,还是会半途而废,最终整理后比整理前更乱七八糟。有时在整理过程中,还会出现被其他事情吸引而忘记了正在整理的情况。收纳时不擅长放回原位,所以与易拿取相比,可以侧重研究易收回的收纳方法。右右型的人注重外表,喜欢用漂亮的收纳盒做大致收纳,而不适合详细分类或费时费力的方法。因此,可以增加游戏的感觉,比如在 15 分钟内完成,或者规定结束之后奖励自己,这样就能毫无厌倦地完成整理工作。

输入右 输出左
右左型

➡ **完美主义、希望自己做主型**

他们虽然脑海中有凭感觉而形成的蓝图,但实际整理起来,却经常追不上高远的理想,更多地是感觉到进退两难。在无法顺利整理的时候半途而废,或者从一开始就放弃整理,都有极端的一面。因为是完美主义,所以右左型的人容易给自己设定高标准。但是,如果花时间将设定的高标准拆分,就能在完成每一个低标准的时候感受到成就感。另外,很多从购买收纳用品开始整理过程的人,也属于这种类型。所以,首先从选择自己需要的东西开始吧!

输入左 输出左
左左型

➡ 认真努力的理论派

虽然关注细节，但很多左左型的人并不擅长从全局入手设立目标。因此，重要的是从小处开始，积累成功经验。此外，太过于屈从理论，容易失去自己的好心情和喜欢的感觉。想要什么样的生活？喜欢什么样的装饰风格？有时，试着整理自己的要求也很重要。因为这类人的空间感弱，所以选择收纳用品时，需要备好量尺寸的卷尺。另外，在收纳盒上试着认真地贴好标签，这样里面的物品就会一目了然，取出放回的过程也将变得轻松。

输入左 输出右
左右型

➡ 陷于理想和现实夹缝中的自我矛盾型

这类人常常读了很多收纳书，脑海中塞满理论，但却容易受困于既有的规则，无法付诸行动。他们以理性的方式思考，但却跟着感觉行动，很难坚定地遵从已经决定好的事情，容易丧失整理的信心。左右型的人特别不擅长决定物品的摆放地点，并不是因为谁在看着，只是自己一心认定"放在这里不好"，从而迟迟无法决定将物品用什么方式放在哪里。所以迷惑时，试着问问自己，遵从直觉给出的答案吧！不要用费时费力的方法，只要采取大致收纳的方法，就可以使整理顺利进行。

整理工作中，觉得自己不擅长哪部分？

　　客观地分析整理方法，了解擅长与不擅长之处，可以有效地帮助自己寻找到适合的整理方法。

　　整理不是只说一句"不擅长"，就能讲清的事情。不擅长整理的理由因人而异，但是其中必然存在某种倾向性的特征。

　　在这一节，我想请你关注平时无意识进行的动作，明确自己整理的行动模式。

　　首先，请试着按照检查表找出自己的类型。

用检查表探寻不会整理的原因吧

Test 1

☐ 买东西时,不会考虑要放在哪里、是否放得下
☐ 经常因为不知道把东西放在哪里好,而不知所措
☐ 容易在桌子上和角落里堆积物品
☐ 经常随意地把东西放在地板上
☐ 有快变成储物室的房间
☐ 看到缝隙就想要放些东西进去
☐ 觉得家里收纳空间不多

Test 2

☐ 有时会找不到指甲刀或者体温计
☐ 包里的东西总是乱糟糟的
☐ 经常丢东西
☐ 为了找手机,曾用家里座机给手机打电话
☐ 经常忘记关灯
☐ 经常忘东忘西
☐ 经常在做饭时,才开始洗之前吃饭用过的餐具

Test 3

☐ 有已经完成所有项目的文件或便笺
☐ 会把打算某天给别人的东西混在平时经常使用的东西之中
☐ 参加结婚典礼时收到的回礼一直放在箱子里
☐ 衣橱里有破损的,却舍不得扔掉的衣服
☐ 有很多觉得没用的东西
☐ 有不知道里面放了什么的空间
☐ 还留着五年前的电费、煤气费收据或工资单

Test 4

- ☐ 只要觉得划算，就会买东西
- ☐ 有不需要，却还是会带回家的赠品
- ☐ 有很多别人送的东西
- ☐ 有一次都没穿过的衣服、鞋子
- ☐ 经常去十元店、商场
- ☐ 会因为压力而冲动购买
- ☐ 经常有吃不完的食品烂掉、过期

Test 5

- ☐ 会从晾晒衣服的地方拿衣服穿上
- ☐ 经常不叠被子就出门
- ☐ 早上出门前总是忙得不可开交
- ☐ 总感觉时间不够用
- ☐ 经常不能按照预定计划做事
- ☐ 生活环境发生变化，比如开始工作、孩子出生等
- ☐ 会忘记扔垃圾，或者错过规定的扔垃圾日期

最符合的是？

Test ☐

诊断结果

1 最多
➡ 不确定物品的放置地方，从而导致物品数量过多

因为没有规划好要如何使用各个房间和收纳空间，所以你会拥有超出收纳容量的物品。这样下去，你的居住空间将逐渐消失，生活也会越来越不方便。虽然需要花费一点时间，但只要下定决心整理，房间就能立刻重归整洁。首先，请确认所有的物品，然后只选择符合你理想生活要求的必需品。

2 最多
➡ 物品用完不放回原处

你经常觉得麻烦，不擅长将物品放回原位。举手之劳的事情也会往后推，拿出来的东西就直接放着，不知不觉间，桌子上的物品已经堆积如山。一旦要整理，就觉得工程浩大。小事堆积起来，最终会变成大事！你需要养成当场处理的习惯。物品不能随便地堆在别处。不是以后，现在就要开始做！如果能谨记这一点，你就可以挤出时间做自己喜欢的事情。

3 最多
➡ 不考虑物品的用途

也许会用到、扔了可惜、不管怎样先收起来……家中已经有很多对你来说没用的东西了。没有用处的东西，会夺走你必要的空间和内心的从容。请试着将所有的东西重新检视一遍，日常使用的东西变得方便取放之后，你宝贵的时间也会被节省下来。

4 最多
➡ 购买方式有问题

每天忙于整理，却始终无法做到干净整洁……你觉得自己不会整理，但是问题也许潜藏在你将物品带进家门的时候。你经常因为各种各样的理由而买很多东西，比如便宜、划算、孩子缠着要等。所以请一定先考虑如下三点——"没有它就无法生活吗""没有替代品吗""有地方放吗"，然后再决定是否买回家。

5 最多
➡ 时间不足

总之，你的时间不足。每天的日程都是满满的，没有整理的时间，忙得不可开交。这样下去，所有的地方都会出现问题。首先，请写下要做的所有事情，排出先后顺序。对你来说必须要做的事情是什么？是否可以委托家人或请他们帮忙？你也可以请求专业人士的帮助，减少管理物品的数量，挤出时间！

什么会让自己觉得心情愉快？

如同第 1 章所讲，整理本身并非目的，不过是让自己获得舒适生活的手段而已。

"你想怎样度过每一天？"

"在你所描绘的理想生活空间和生活方式中，你最重视的是什么？"

明确这个判断标准，是打造收纳结构所不可或缺的。

"什么样的空间会让自己觉得舒服？""做什么的时候会感到幸福？""什么样的东西在周围时，会感到心情愉快？"让我们一起来想想这些问题吧！

开始整理之前，把"什么样的东西会使你心情愉悦"这样的要求印刻在脑海中，就会在心中逐渐浮现出你所重视事物的选择判断标准，也就是价值观。

那么，为了实际上了解你的价值观，试着做下面的题目吧。请准备好纸和笔！

1. 写出 20 件对你而言重要的事（时间三分钟）

你最重视的是什么？

你觉得以后过怎样的生活比较好？

面对这样的问题，请试着写出自己脑海中浮现的词语。关键词即可，写不成句子也没关系。

*　参考关键词

安定　享受　学习　兴趣　自由　信赖　富足　奢侈　牵绊
金钱　休假　休闲　工作　家人　育儿　孩子　出人头地
人际关系　夫妻关系　名誉　学历　忙里偷闲　装饰　节约
探索自我　自我磨炼　参加考试　做饭　体面　地位　亲戚
父母　职业生涯　食物　朋友　购物　衣服　自己的时间
健康　安全　稳定……

2. 从中选出 5 个关键词，排出优先顺序

一般价值观明确的人很快就能排出顺序，但是实际上，很多人会犹豫不决，难以决定。请直视自己的内心，慢慢回想起以前喜欢的、想要珍惜的东西。

你觉得最重要的是什么？

　　选择你最重视的事物作为判断标准，这会非常有助于你在整理过程中"看清物品需不需要"。

　　价值观明确的人可以用令人吃惊的速度，迅速选择出自己需要的东西。相反地，价值观模糊的人，常常无法判断物品是否需要，最后只好不断地重复整理。

　　对我而言，我脑海中浮现的关键词是"心情好的自己""自己的时间"等。以它们为标准考虑，为了确保自己的时间，最优先的事是形成让家人可以自行取放物品的收纳模式。

　　为了达到这一目的，我需要建立可以简单收纳的体系——物品所在地清晰明确，且易于放回。

　　与此同时，对于一起生活的家人，需要做的是了解"对他们而言的舒适"，即清楚地掌握家人的价值观。

　　要意识到，一个三口之家，往往会存在三种价值观。

　　聆听家人的价值观，并与自己的价值观试着磨合，这样才能建成一个让全家人开心度日的家。

无论何时何地都可以进行思绪的整理

　　有时候，即使想着"我想整理"，情况也不允许。比如，刚生完孩子、有生病的家人需要照顾、自己生病的时候。

即使不是可以实际进行整理的时期，也可以先做好整理的准备工作。一旦有时间，请拿出纸和笔试试看。为了行动时不会迷惘，建议你事先针对想要的生活，梳理一下思绪。

了解自己的喜好

即使整理了一番,如果仍然对家中的模样感到不满意的话,我们还是会感到有压力。

不喜欢摆在家中的家具、开放式架子上塞满了东西、不搭调的颜色让人感到烦闷,这种视觉效果上的压力也会极大地影响心情。因此,考虑如何在视觉上,让房间看起来使人感到舒适,也是整理工作中重要的过程。

如果了解了平时可以让自己在视觉上获得好心情的事物,就能明确自己的喜好。买一个需要的收纳筐时,也能毫不犹豫地做出判断——"这适合我的生活"或者"这不适合"。

必须寻找,才能得到自己真正喜欢的东西。

想要的生活,只能从自己已知的一切中选择出来。

小时候,当被人问到长大后要做什么时,很多孩子会回答"新娘子""妈妈""蛋糕店师傅""花店姑娘",那是因为他们了解的世界仅此而已。

储存理想中的画面,这也是打造舒适居住环境的关键要素。

掌握现状

首先,需要客观地审视现在的状况。

为了有客观的视角,**建议你先拍照看看**,试着确定自己感觉不舒服的地方是何处。

这样就可以看出问题了,比如"装饰品和相框放置得毫无规律,让人烦躁""厨房里的厨具五颜六色,看起来杂乱"等。

理想的空间是什么样的?

惯用右脑的人不妨购买室内装潢设计书,试着把喜欢的照片剪下来贴在一起。反复几次之后,就会发现共同点。

惯用左脑的人不仅可以使用照片,也可以将拼贴出的照片化为语言,深入理解。比如说,家具颜色一致会看起来整齐、左右对称的地方让人心情安稳等,试着逐条写出这些让自己感到舒适的设计点吧。

我自己也曾试着拼贴照片,从而了解到自己喜欢用黑色把白色、银色、原木色统一起来的空间。"我在简单颜色的空间中生活,会感到心情舒畅",这种原本笼统的感觉变得更加明确了。另外,为了防止随着时间的推移而落伍,我的室内布置秘诀是不采用"某种风格"(例如北欧风格等)

作为装饰主题。配合这种感觉选择物品，空间和收纳才能产生一致性。

意识到视觉因素，就会更容易拥有"舒适感"。

第 4 章

整理的行动
收纳七步法

收纳的七个步骤

我会以七个步骤来说明如何打造、维持自己的收纳结构。也许会有人觉得步骤过多,但因收纳感到苦恼时,大部分的家庭需要更换家中的收纳结构,很少有只做其中几步,就能顺利进行收纳的例子。因此,需要下定决心,做好心理准备。

很多人感叹,收纳书上充斥着"马上就行""简单"等关键词,然而尝试后,却发现进行得并不顺利……不要小看收纳,它不是对谁来说都很简单的事情。希望大家明白,需要重新打造基础的收纳,可是要全面开动脑筋的难事。因此,尽快开始吧!

七个步骤

1 全部拿出来	
↓	
2 选择	在家中想整理的地方，完成1～3步，选择今后生活的必需品。
↓	
3 分类	
↓	
4 临时放置	关键是不要将1～3步的选择工作和5～6步的收纳工作混在一起。一旦如此，就会回到收纳前的状态。
↓	
5 决定位置	开始决定把该留下的东西放在哪里，使用哪种收纳用品。
↓	
6 决定收纳的方法	
↓	
7 维持	维持在十五分钟内能恢复原貌的状态。

Step 1　全部拿出来

如同第 84 页图示，收纳工作的第一步是从拿出所有物品开始的。为了了解自己有什么、有多少，要试着面对所有的东西。

或许你会觉得有些麻烦，但是请记得，这是非常重要的工作。越是长期忽视的地方，越容易囤积可有可无之物。从这些地方清除出不要的东西，也许就能保证充足的空间！

从哪个房间开始？

客厅、储物室等处因为有各种类型的物品混放在一起，所以必须和其他地方同步整理，属于难度较高的场所。而且，那里还会有许多其他家人的东西，因此，先不碰它们为妙。

首先，试着从衣橱、厨房这类在一个地方就可以整理完的地方开始吧。

特别是专属于自己的衣橱，通过衣服可以面对自己，从收纳的角度来说，也推荐从它开始。

从哪里开始？

决定要整理的房间之后，从房间里自己最常用，或是让自己觉得不舒服的地方开始吧。

如果要一口气整理很大的范围，就会产生"这也太辛苦了"的负面感觉，仅仅想到都觉得累坏了。所以，请首先从小处开始着手，切实地逐一完成目标。若是能感受到"这里收拾好了"的成功体验，就会随之产生"想试着整理下一个场所"的动力了。

一次拿出多少？

拿出的量需要和时间、精力相匹配而定。抱着"那就干吧"的念头，雄心万丈地开始整理，但是没过多久就到孩子回家的时间了……急急忙忙地把拿出来的东西放回原处，结果却比原来还要混乱，一点改善都没有。

时间有限时，要先估算好一次可以做完的量，比如"架子的某一层""某一个抽屉"等，再进行整理。

同时，要根据家里的大小制订计划，以每天整理三十分钟，一周左右的时间可以完成所有物品的取舍和临时放置为标准。

没有完整时间的情况下，请有计划地一点一点整理。

Step 2　选择

构筑舒适生活之时，最关键的是只选择对自己而言真正重要的、适合的东西。

并不是"要丢弃什么"，而是通过选择什么，来让自己的生活发生变化。

现在，你手中的东西是否有助于你今后每日的生活？是否想要再次花钱购买？为了整理它花费了宝贵的时间，会不会觉得可惜？

请以向前看的心态，只选择必要的东西。

选项在三个以上

选择时，若是只有"要或不要"这两个选项，就很容易让人产生困惑，结果浪费很多时间。因此，把选项扩展到3～4个，可以大大缩短犹豫的时间。

确保有稍大的空间后，可以参考第90页的分类，试着制作矩阵图。你可以写在便笺上，也可以用胶带在地板上贴出十字。

拿起物品，三秒钟内分类

拿起东西以后，请在三秒钟以内，按照矩阵图进行分类。如果三秒内无法决定，请将它放入"犹豫"类里单独保存，之后再花费时间去犹豫！这样可以保证选择的速度。

选择适合自己的方法，制作矩阵图

横向用"喜欢、不喜欢"的感情轴、纵向用"有用、没用"的功能轴来分割矩阵，是矩阵图制作的基本方法（第90页图1）。这个方法对惯用右脑与惯用左脑的人都有效。按照这种标准进行选择，可以精选出自己喜欢的和家中常用的东西。

对于已经在某种程度上对家中的东西精选过，而且偏向使用左脑的人，推荐使用"一周使用一次～一月使用一次""一年使用一次""每天使用""两年以上没用过（要丢弃）"等使用频率来进行分类（第91页图2）。每天都要使用的东西若是放在一定要踮起脚才能够拿到的地方，每次取用时都会觉得不方便。为了避免发生这样的情况，需要根据使用频率来决定物品的摆放位置，这样才可以提升收纳效果。

决定物品的摆放位置时，可以将使用场所作为轴线来划分矩阵，比如"放在别的地方""犹豫不决""放在这里""没用（丢弃）"等（第 91 页图 3）。

此外，虽然没有图示，按照"它是谁的东西"来进行分类，也十分有效。请在鞋柜等地方试试看。

"选择"用的矩阵图

按喜欢/不喜欢、使用/不使用分类

➡ 对右脑型、左脑型的人都有效

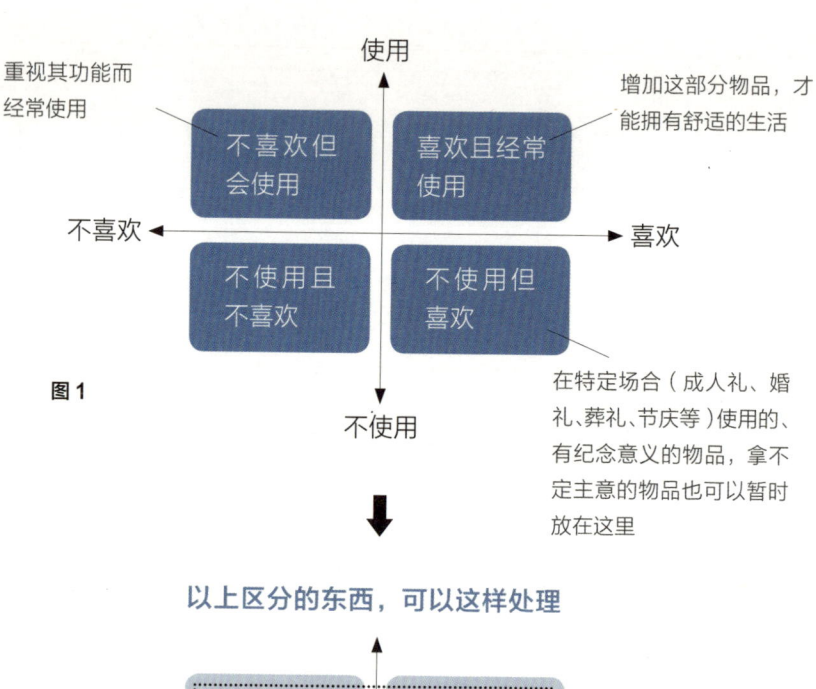

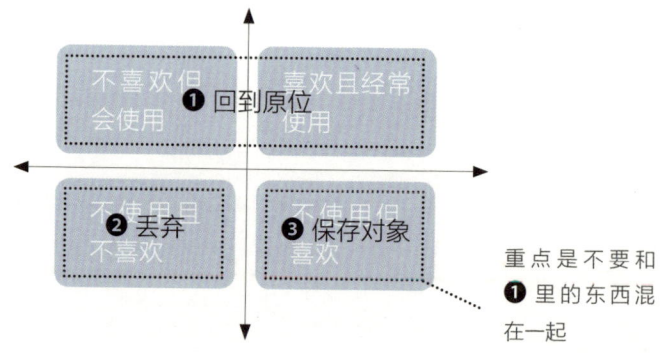

```
                        使用
                         ↑
   重视其功能而        ┌─────────┬─────────┐    增加这部分物品，才
   经常使用           │ 不喜欢但 │ 喜欢且经常│    能拥有舒适的生活
                     │ 会使用   │ 使用     │
   不喜欢 ←──────────┼─────────┼─────────┼──────→ 喜欢
                     │ 不使用且 │ 不使用但 │
                     │ 不喜欢   │ 喜欢     │
                     └─────────┴─────────┘
                                          在特定场合（成人礼、婚
   图1                                    礼、葬礼、节庆等）使用的、
                        不使用             有纪念意义的物品，拿不
                                          定主意的物品也可以暂时
                                          放在这里
```

↓

以上区分的东西，可以这样处理

```
                 ┌─────────┬─────────┐
                 │ 不喜欢但 │ 喜欢且经常│
                 │ 会使用 ❶ │ 回到原位 │
                 │         │ 使用     │
          ←─────┼─────────┼─────────┼─────→
                 │ 不使用且 │ 不使用但 │
                 │ ❷ 丢弃  │ ❸ 保存对象│
                 │ 不喜欢   │ 喜欢     │
                 └─────────┴─────────┘
                                      重点是不要和
                                      ❶ 里的东西混
                                      在一起
```

按使用频率分类

➡ **适合希望有计划、有效率地管理物品的左左型人**

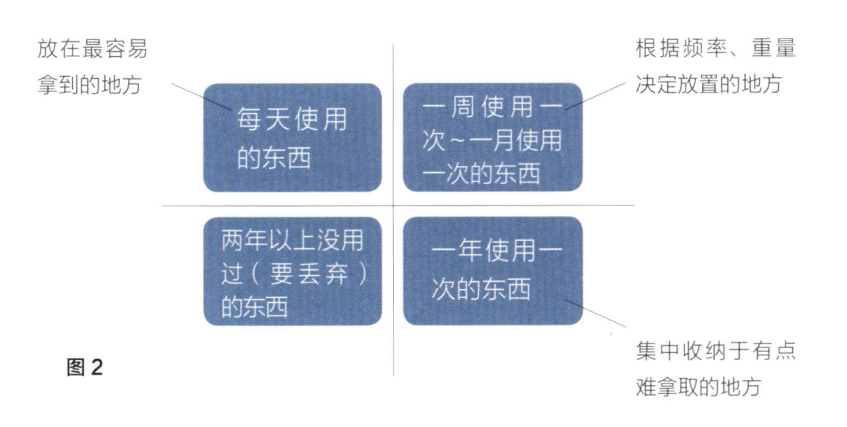

放在最容易拿到的地方 —— 每天使用的东西

根据频率、重量决定放置的地方 —— 一周使用一次~一月使用一次的东西

两年以上没用过（要丢弃）的东西

一年使用一次的东西 —— 集中收纳于有点难拿取的地方

图 2

按收纳场所分类

➡ **适合难以决定收纳位置的人**

放在这里	放在别的地方
没用（丢弃）	犹豫不决

图 3

Step 3　分类

结束"选择"之后，接下来将进入把留下来的物品进行"分类"的阶段。

按照性质和类型分类

以客厅为例，可以先按照大类把物品区分为文具、清洁用品、CD 和 DVD、玩具、药品等。通过大致分类，能够更容易地掌握各类物品的数量。不弄清楚这一点，就无法有效率地打造家中的收纳结构。

请试着想象使用时的情景，思考怎样分类容易取放，然后进行同类归纳。

在这当中，也会出现不知如何分类的物品，干电池就是其中之一。干电池可以和文具或者工具放在一起，最近也可以和防灾用品归于一处，正确答案因人而异。

无论哪种类别都可以有很多种选项，根据自己的情况决定就好。如果数量较多，可以把干电池单独作为一类。

按照配套使用的组合分类

分类时,不仅可以按照物品的性质,还可以按照圣诞节、万圣节等特定场景,或者按照使用方式,将某些一起使用的东西作为"某某套装",比如"兴趣编织套装"等,也可以想象着自己使用的场景来进行分类。

这时,建议在适应这种分类之前贴好标签,使物品"可视化"。

Step 4　临时放置

在第三步里将物品分好类后,先不要破坏这种状态,请把它们用空箱子或收纳用品装好,放回原处。

需要临时放置的理由

为何不在这时完成收纳,而需要临时放置呢?理由有三点。

一、选择物品时,很难同时考虑最佳的收纳方法

仅仅是整理就觉得困难,收纳工作绝非一次就能做好的易事。对于不擅长收纳的人来说,一边选择物品,一边考虑最佳的收纳方法,是非常困难的事。但是,可以今天先选择必要的东西,改天再从容地考虑收纳方法。因此,在选择工作完成以后,要将物品暂时放回原来的位置。

二、通过临时放置,可以发现迄今为止没有注意到的想法

在不了解家中有什么、有多少东西,总是把东西堆放在地板上的状态下，自然不知道把物品放在哪里才好。

所以，完全了解自己拥有的物品后，把物品放回原处时，脑海中就会开始产生"那样放的话，就会变得方便""要是进一步细分的话，用起来就更方便了"这样的想法。

三、要在所有物品都临时放置妥当之后，再购买收纳用品

因为有些同类物品散落在各个房间，所以分类工作结束后，有时会出现"忘了把这个一起收起来"的情况。

因此，只有当所有物品都临时放置妥当之后，才能够看出最后如何收纳使用起来会更方便。如果在无法掌握所有物品之前就购买收纳用品，会出现放不下的情况，产生很多浪费。

临时放置时要放在哪里？

临时放置时使用的空箱子或收纳用品，需要选择没有什么颜色、文字的。这是为了避免使还在整理过程中的房间看起来更杂乱。

在箱子上贴好标签，明确其中放了什么，这样以后出现同类东西时，就方便放在一起了。

到这里，收纳已经完成70%了！目标就快完成了！

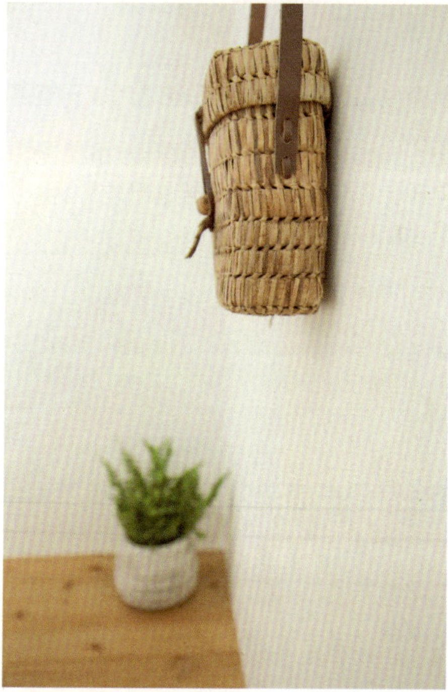

Step 5　决定位置

到此为止,已经明确了"哪里放了什么、放了多少",临时放置完毕。空间是否看起来井然有序很多呢?

东西散乱的主要原因之一,是没有确定物品摆放的位置。

想要整理,却不知不觉中将物品先随手放在一边,或者随便找个抽屉塞进去。客人突然来访时,急急忙忙地将桌子上散乱的东西放进纸袋,然后塞到储物室里。这样的情况反复发生,使得到处都"寄宿"着位置不明确的东西。

放在哪里能轻松收纳?

能准备的人,请准备位置图,试着仔细俯瞰自己家。

当然,放置东西的地方越靠近使用之处,用起来就会越方便。考虑使用频率,来规划放置之处吧。

物品的位置并无正确答案。"自己或家人使用、收纳时,放在哪里比较方便?"这就是规划摆放位置的标准。

请试着问自己:"这里放什么妥当呢?""这个放在哪里

方便呢？""总是不知道放在哪里好，拿出来就随便乱丢的东西是什么呢？"

要东西，还是要空间？

尽管有一定的收纳空间，但是物品依然到处都是，导致没办法决定放置位置，这时重要的是配合环境减少物品。如果物品减少，整理也会变得轻松，请积极地对待这个良机，然后再做一遍第二步——只选择舒适生活的必需品。

但是，也会出现由于收纳空间并不充足，书桌、地板上渐渐堆满物品的情况。这是因为，家里一开始就缺乏收纳空间，所以也许需要添购收纳用家具。但是不管怎样，如果购买家具，居住空间自然会变小。

请保证居住空间与拥有物品之间的平衡。

同类物品放在一起

如果同类物品散落各处（比如到处摆放的工具，或是零散的圣诞节装饰用品等），要放回时就会容易拿不定主意，不知该收纳在哪里。所以，要尽可能地将同类物品放在一起。

但是，若是因为便于使用（比如在玄关和厨房都要使用文具），而刻意将物品放置在各处倒是无妨。

决定位置的方法并无定论

我很吃惊的是，很多人坚信收纳书或电视中提倡的"应该收纳在这里"之类的话语。实际上，并不存在类似"餐具架上只能放餐具"这样的规则。若是在餐桌附近化妆的话，我觉得餐具架上放点化妆品也不错，厨房里如果有摆放首饰的地方也很方便。

抛弃固定观念，试着寻找对自己而言最方便的收纳方法吧。

常用的东西要易于取放

参考帕累托法则，可以认为"80%的生活由20%的拥有物决定"。

因此，每天必须使用的东西，应该放在容易看到、易于拿放的地方，这样可以大幅减少生活的压力。

> * **帕累托法则**
>
> 这是由意大利经济学家维弗雷多·帕累托发现的规律，在经济活动中，整体数值的八成是由构成全体人数的二成产生的。

眼手所及的范围是什么？

请试着分成以下三部分思考。
① 站立时，从腰部到平视的位置→常用物品
② 伸手可及的地方→使用频率低的轻便物品
③ 需要稍微蹲下才能碰到的地方→使用频率低的重物
这里的②和③也可以根据身高进行替换。请在伸手和蹲下两种行为中，选择更舒服的那种，因为很多身材高大的人不擅长做蹲下的动作。

将容易被随手放置的物品放在"特等席"

孩子学校的通知书、用过的盒子等，都是家庭里经常被随手放置的物品，先给这些物品找个地方吧。这样可以改善总是把类似的东西随意放在桌子、地板上的状态。请在能随手放置的地方，给它们打造一个特殊位置。

家人使用的物品要如何决定位置？

对于家人使用的东西，建议询问最不会收纳的人的意见。妈妈擅长收纳，但是孩子和丈夫或许不会收纳。不如问问最

不擅长收纳的人,物品放在哪里使用后会比较容易放回。

将临时放置的各个东西移到最合适的地方之后,接下来再研究收纳方法。

Step 6　决定收纳的方法

决定了在哪里放置什么物品之后,就要开始实际收纳了。临时放置期间,如果有"这个东西要是放在稍大的箱子里就好了""这个抽屉太深,看不到里面"等感觉不合适的地方,就在收纳时予以解决吧。

如果无法马上选定收纳用品,就先使用临时收纳时用的箱子,然后慢慢花时间考虑吧。我自己也有一段时间,会在家里好几处都放着装满东西的箱子。

要如何收纳?

请试着考虑收纳的终极意义——"怎么做才能一目了然"。如果所有的东西都可以清楚地看得到,收纳就会变得轻松许多。要试着这样收纳:打开柜门或抽屉之后,不是东西摞东西,而是一看就可以知道里面有什么。

这并不是说收纳意味着必须让物品一个个都能被看见,而是说即使在装在箱子里的情况下,也能知道哪里有什么,比如"那里有某某套装"等。

因此，需要在高处等平时不常用的地方贴上标签，或者制作出收纳地图，试着尽力别忘记哪里放着什么。这也是为了确保物品使用完放回时，不会出现混乱状况。

收纳并不需要很麻烦

拜访了很多客人的住宅之后，我注意到，用简单的方法收纳，比较容易保持整洁状态。

基本有三种：**① 使用柜子；② 使用抽屉；③ 吊、挂。**

我得出一项结论：使用大量的收纳用品，或是别出心裁的收纳方法，不仅费时费力，而且既不美观，使用起来也不方便。特别是男性或孩子会希望有简单的、谁都能做到的一般做法。

① 使用柜子
利用有高度的空间时，用柜子收纳很方便。购买时，需要注意以下几点，进行选择。

* 选择有活动隔板的柜子
为了收纳家中各种各样的东西，高度可以变化、能增加隔层的柜子用起来会更方便。

收纳的艺术

＊ 配合物品，选择深度适当的柜子

不能仅仅为了放更多的东西，而去买深度较深的柜子。要配合放置的物品，选择适用的深度。如果原本的柜子深度较深的话，可以分成前后两部分进行使用。而且，若是要使用深度过深的抽屉，也需要想办法分前后两部分使用，或者只使用前面的部分。

此外，要考虑物品的大小、重量，选择方便使用的柜子。

＊ 直接放置

缝纫机、家电、行李箱等体积在某种范围之内的东西可以直接放置。

＊ 使用盒子和篮子

文件盒、箱子和篮子可以使物品不被叠放收纳，只要打开就能一目了然地看到其中放置的东西。因此，使用起来会很方便。

＊ 在柜子上摆放抽屉型的收纳盒

抽屉型收纳盒有可以有效利用隔板之间的高度、容易收纳小东西的优点，适合于收纳指甲刀、药、文具等。但是在有柜门的地方，要注意到或许有人会觉得打开柜门，再拉出抽屉的动作过多，比较麻烦。

* **在柜子上放置书立、笔筒等**

可以有效地收纳书、纸张、包等容易倒下的东西。

② **使用抽屉**

抽屉是方便看到里面所有东西的道具。

* **让里面的东西一目了然**

衣服等物品也可以竖起来收纳，以便选择。请注意，收纳时尽量不要叠放。

* **选择开合顺畅的抽屉**

如果抽屉较沉、推拉不易，收纳就会变得麻烦。所以，选择开合顺畅的抽屉吧。木制的抽屉若是在轨道处涂蜡，就会变得容易开合。

* **放置的物品要适合深度**

比如说，在 30 厘米深的抽屉里放裤子等衣物，找东西必然会变得麻烦。请选择可以为放置物留有空余部分的抽屉。

* **一下子能拉出来多少？**

如果是深度较深的长抽屉，一次可以拉出的部分大概是 30 厘米。因此，一定要在抽屉前端放入常用的东西。特别是孩子，能拉出的部分比大人还少，所以能使用的抽屉空间更为有限。

③ 吊、挂

需要挂衣架、抹布、帽子等物品时，可以使用衣帽架、粘钩、S形挂钩等用品。若是想要把壁橱当作衣橱使用，可以选择伸缩杆、壁橱用衣帽架等。

对于繁忙的上班族妈妈来说，设立"衣服晾干后不用叠好→只挂起来"的收纳机制也很有效。此外，为了方便孩子自己拿取幼儿园的替换衣服，可以将挂钩安装在适合孩子身高的位置。

考虑惯用脑

由于惯用脑不同，人们对于优点和缺点的认识也会不同。请按照自己的特点，排列先后顺序。

惯用右脑的人不擅长将物品归于原处，因此需要采取简单利落的收纳方法。惯用左脑的人擅长将物品放回固定位置，所以要建立有明确标签，而且容易寻找、放回的收纳机制。

你觉得寻找和放回，哪个行为比较麻烦？看重外观，还是看重功能？若是养成思考收纳方法优缺点的习惯，就会更容易地找到适合自己的方法。至于收纳书上写的方法，可以在自己身上先试用一次，然后再去实践。

必须测量尺寸

决定购买某件收纳用品时，不仅是放东西的位置，想要买的东西也一定要实际测量过，试着模拟摆放的情况。另外，也要随身携带量好的数据，以便看到喜欢的收纳用品时，可以立刻购买。但是，在不知道尺寸合不合适的情况下，即使遇见了很好的收纳用品，也不可以抱着"先买了再说"的心态购买。

挑选收纳用品的重点

寻找喜欢的收纳用品，出乎意料地是一件麻烦的事。

想要找到好看、功能强、价格适合的收纳用品，或多或少需要一定的时间。但若是毫不妥协地慢慢寻找，找到时就会感到特别开心。

* 统一颜色

物品本身就有颜色，因此我个人认为，收纳用品不必有颜色。要选择颜色和整体装饰风格一致的收纳用品，例如白色、米色、黑色或深褐色等。如果在一个收纳柜上，黄色篮子紧挨着蓝色篮子，就会让人感觉颜色泛滥，在视觉上觉得不舒服。这就如同在衣服搭配上，黄色和蓝色很难搭配在一

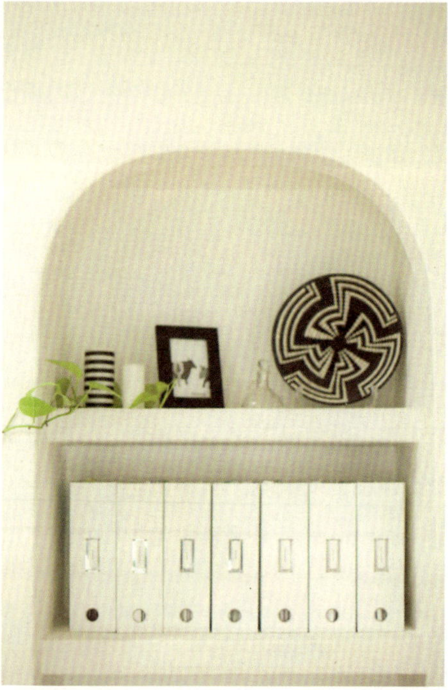

起一样。用简单的颜色装饰，更容易令人放松，所以就从百搭的颜色开始吧。

＊ 考虑是否可能添购

购买收纳用品时，要选择以后也可以买到同款商品的类型。

我家收纳书籍的盒子是同一类的。因为选择的收纳盒是长期销售的商品，所以需要的话，可以在任何时候添购同样的收纳盒。如果出现"想买的时候已经没货了"的情况，就只能使用不同类别的收纳用品，也就无法形成统一、协调的装饰风格。

设法让文字信息不使人厌烦

每天都看到物品上印刷的文字，会对视觉造成一定的刺激。所以，消除视觉上的不适感是平静生活的诀窍。有时候仅仅是去掉清洗剂上贴的标签，或者是除掉物品包装、收纳起来，整体空间就会变得更整齐。

Step 7　维持

建立了自己的收纳结构之后，接下来要养成每日将其维持下去的习惯。

遗憾的是，收纳一次就万事大吉，再也不用整理的事情是不存在的。不过，以后只要在人生阶段变化、调整生活方式时，再进行耗费体力和精力的大规模收纳工作即可。一旦大动干戈地彻底更换了收纳结构，之后只要每天持续"将拿出的东西放回原处"，就能轻松地维持整洁的状态。

第七步中，我希望传达的是不增加物品的诀窍，以及将"东西拿出后放回原位"的动作习惯化的重点。

整顿入口

好不容易建立起收纳结构，如果不妥善理顺入口的话，很快就会变回原来散乱的空间。

实际上，平时随手将物品带回家的行为本身就存在问题。

比如说，免费的纸巾等赠品已经塞满一纸袋了，如果又带回家,就成了不断地将无用的东西搬进家中。除此之外,还有采购后吃不完的食材,因为便宜而在促销时不知不觉购买好多的衣服……

在给家里添置东西之前,请养成思考这三个问题的习惯——"真的有用吗?""有收纳的地方吗?""没有替代品吗?"

另外,如果别人赠送的东西用不完的话,带进家里之前,可以考虑送给或者分赠给谁。

了解购买的偏好

一般而言,需要事先了解自己平常采用怎样的购物方式,以及当家中东西增多时,自己的行动模式。

比如,一直下雨的时候,就容易觉得孩子衣服不够而大量购买,饿肚子时去超市就容易买过多食材,心情焦虑时就容易冲动购物等……

我也经常有冲动购买的欲望。(笑)因此,现在会制作一个"遇见时可以购买的物品列表"。

例如,遇到白色裤子就买!一直寻找的某种尺寸的收纳用品遇见就买!像这样事先制作列表,就能将有限的购买时间用来寻找真正需要的东西。即使没有买到真正需要的东西,也可以满足于"努力寻找过"的成就感。而且,如果买到了自己想要的东西，也会觉得格外高兴。

像这样了解购物模式之后，就会找到防止无效购物的方法。如果不断地买东西，家中的物品就会持续增加。为了切断这个必然的因果关系，请试着思考适合自己的购物方法。

每次用完都放回原处

无论惯用脑是哪边，在日常生活中，每次用完东西都收拾好是保持整洁状态的最佳方法。

当然，如果没有能轻松放回的收纳方法，放回原位的行为一定会越拖越久。若是放回东西费时费力，总是变成"之后再收拾吧"，那就请重新检查一下收纳方法和收纳位置，看看是否有问题。

但是，无论建立多么方便的放回模式，物品也不会自行回归原位。请大声告诉家人，只有"放回去"这项工作是必须自己做的。

另外，把新东西带进家里时，一定要"马上收纳好"，这样会易于保持整洁的状态。

购物刚回来的五分钟之内决胜负！坐在客厅放松地休息之前，请把补足的日用杂货放在指定的位置，将食材放到冰箱里。这时，再决定要不要广告单、明信片等东西。若是将买来的东西放在地板上，先坐下休息的话，就不容易站起来了。所以，只要努力五分钟就好。

不断精益求精！

即使相信自己已经建立了最好的收纳方法，但是实际使用起来，却还是会出现"怎么会这样"的想法。这是理所当然的。另外，随着开始整理，情况不断变好，也会发现一些最初没有注意到的小细节。这么说吧，收纳中有很多地方是不动手做就不会明白的。

因此，感到不顺利也是机会！进行不顺利时，正是用来细微调整的机会。请不要把进行不顺利当作恶性反弹，而要将其当作获取更舒适生活的重要步骤。

在人生不同阶段重新审视

一旦开始新生活，比如孩子小学入学、自己重新工作等，在适应之前，心理状态和时间管理往往会陷入忙乱。这时候，原本整洁的家也会突然变得乱起来。

然而，若是可以提前预测这些生活的变化，打造适合新生活的收纳结构，就可以轻松地切换到新阶段。

生活环境大幅度变化的节点，正是重新审视收纳结构的时机。为了保持整洁状态，请将这件事记在心里。

维持，同时制定自己的规则

即使决定了收纳之处，自己每天都要用的东西也会常常拿出、放回，因此，考虑维持的方法也很重要。

当然，收纳空间是有限的。有时候，会有定期增加的物品，比如杂志等，这就需要事先规定整理的时间和方法，不然东西迟早会从收纳处溢出来，在地板上堆成山。

我因为同时从事时尚相关工作，所以每个月都会买几本杂志。说到按照怎样的规则管理这些杂志，我会将年底设定为重新检查的时间，届时仔细地进行选择。

首先，要保证有可以收纳一年份杂志的空间。一年过去后，那里装满了杂志。年末整理时，可以只剪下自己喜欢的内页，放入透明文件夹里保存。一年后再重新查看文件夹里的内页，这时想要留下的就不多了。我会将决定保留下的内页分门别类地继续收纳在透明文件夹里。

偶尔重新翻阅像一本书一样的文件夹，可以令我有一种被治愈的舒心感觉。以前，我像是生活在杂志堆成的山里，而按照这个方法完善收纳结构后，现在我可以维持一种流动性的收纳。

像这样设立自己能完成、可实践的行为准则,例如"这里装满之后,就要重新检查一遍""客厅里的玩具要在晚餐前收拾好"等,就可以维持整洁的状态。

用喜欢的收纳用品和室内装饰来保持收纳动力

建立好方便的收纳结构之后,最后要做的是购买自己喜欢的收纳用品,使自己看到它就会想让家里变得整洁。这可以帮你提高"希望维持这里"的动力。

我曾是全职主妇,买一个比较贵的收纳用品也需要勇气。所以,想要的物品是我认真完成整理目标之后,给自己的奖励。就这样,我一个一个地添购至今。我觉得正是有了这样的想法,现在家中才能一直保持着整洁的状态。

―― 第 5 章 ――

这是我的价值观，你的呢？
——按照区域介绍自己家

厨　房
Kitchen

关于厨房

厨房，就像是一个由主妇握着方向盘的驾驶舱。一天就是从站在厨房里开始的。

这里要是杂乱的话，一整天都无法顺利做事，所有做家务活的动力都会下降。随之，我也会变得没精神，整个家里的气氛都会变得低沉。

相对地，厨房若是整齐，从早上开始，我就会充满活力地快速做饭。更重要的是，当我心情愉快地做早餐时，家人也会开心地凑过来。

饮食是生命的基本，一切的源泉。

因此，厨房要操作方便，做成讲究布置、让人感觉心情舒适的地方。

我一直梦想的厨房，是用来干活的功能型设计。但是，若是就这样直接嵌入一般家庭中，会显得没有人情味，不是一个让人心情平静的空间。因此，我加上了木头的温润感。整体的基本色调是银色与原木色的组合，营造出了时尚的感觉，我自己非常喜欢。

对于放在梦想厨房里的烹饪器具和餐具等物，每当其中有东西坏了，我就会花时间慢慢补齐。而且，整理好家中某处后，为了奖励自己，我也会购买有设计感的筷子、夹子等厨房用品。

最重要的是把厨房整理成"让人想下厨的环境"。

作为主妇、母亲，我偶尔也会觉得做家务很麻烦。无论是谁，都会有忙得团团转、感到精力有限的时候。

用起来不方便的厨房，会让麻烦的感觉倍增，就容易变成"今天我们出去吃饭吧"的状况。

如果把所有东西都收纳得一目了然，知道冰箱和柜子里有什么的话，就可以更轻松地做饭。在我家，常备菜、干货、一直储备的罐头、蔬菜等，都放在透明的容器或塑料袋里，一眼就能看到里面是什么。这样一来，就不会再因为浪费食材而感到烦恼了。

提升家庭主妇动力的东西，就是可以顺畅地做饭、让人感受到舒适和乐趣的厨房。关键是打造自己容易把握方向盘的结构。

收纳的艺术

相关物品都放在一个地方,做便当最有效率

早上是和时间赛跑的时候。对我而言,因为要工作,所以不仅要照顾家人,还必须要装扮自己。

每天做便当是一件费时间的事。"啊!已经这么迟了!"一想到时间,就觉得压力很大。为了不做无用功,我把相关物品都放在了同一个地方,这样就可以站在一处,完成所有的工作。

采用可以缩短时间的收纳方式,让我多了喝杯咖啡的空闲。

收纳方法"不拘一格"

有些厨房用具是由手柄与底座组成的,收纳好之后,是否觉得拿出来和放回去都很麻烦,结果根本懒得使用呢?

我家的手持搅拌器就是这一类器具。我觉得它宣传的"紧凑收纳"方法会不方便,于是试着改变了收纳方法。我把小零件放在小盒子里,然后再和主体一起放在篮子里。

找到适合自己的最佳收纳方法后,现在使用它的次数也比以前多了。

并列三个以上的收纳容器与消除视觉压力

看到过多颜色、乱糟糟的物品，总是感觉心里烦躁、难以平静。为了减轻这样的不适感，可以在柜子里的储物盒前面放入颜色沉稳的图画纸。这么一来，再打开柜子时，看起来就会很清爽。

请对比看看有无图画纸的区别。你不觉得贴上褐色纸的储物盒看起来会更舒服吗？特别是对放在高处的储物盒试着用这样的窍门吧！只是费一点小工夫，却可以缓解你的焦躁心情。

此外，使用收纳用品时，同样的东西如果并排摆放了三个以上的话，就会变得更加美观，比如调料瓶、篮子等。这是所有物品都共通的法则，请一定试一下。

只要用纸遮住储物盒的孔洞，外观看起来就会显得清爽！

能看到中间有很多乱糟糟的东西，看着就觉得很累。

易于取出的"两成物品"与消除小压力

如同第 99 页说过的,只要想办法让频繁使用的两成物品变得容易取放,就可以顺畅地做完每天的家务。

举例来说,我家的厨房用具,如锅铲、夹子等这样每天都要使用的东西,并不放在柜子里,而是统一放在煤气灶附近。

另外,可以把两个小果酱瓶瓶底相对地粘在一起,用来放小的计量勺,再把它们放进装汤勺、锅铲等烹饪器具的筒里。这样一来,使用时就可以马上取出了。

收纳位置要到"门牌号"

决定物品的收纳位置时,一般情况下到"县、区"(比如柜子里的某个盒子这样大致的位置)就够了,但是像橡皮筋、封口夹这样的小东西很容易丢,所以需要设定类似"门牌号"的指定位置。

我将这些小东西收纳在从香烟店买到的塑料烟盒中。

在抽屉里放入更小的容器,这就是到"门牌号"的方法。

让孩子可以自己动手

在前几章也提到过,我收纳的目的之一,就是希望减少孩子们一天到晚提出的"妈妈,帮我拿那个"之类的要求。思考如何能让孩子们做自己可以做到的事,也是收纳过程中重要的一部分。

孩子们经常想要喝饮料。因此,我问孩子们:"杯子放在哪里,你们可以自己拿出来?"他们指出了厨房水槽旁的一个地方。现在,我在那里空出了一个高度低于孩子们视线的抽屉,用来放置供他们使用的干净杯子和盘子。

我也决定将装大麦茶的壶放在冰箱最下面的蔬菜冷藏室里。从此之后,孩子们口渴时,就会自己拿杯子倒大麦茶喝。

仅仅这样就可以让自己每天都轻松、愉快地生活。

齐腰高度的抽屉，让孩子们可以自己拿出杯子。

在冰箱冷藏室下面腾出空间，放大麦茶壶。

目的是让孩子帮忙

如果能得到孩子的帮忙,那会轻松不少。因此,要在家中打造出利于让他们帮忙的收纳结构。

比如说,开饭前整理餐桌就是他们的工作。我一喊"马上要吃饭喽",儿子和女儿就会一起来帮忙,在餐桌上放好全家人用的餐垫,摆好餐具。

只要把餐垫放在开放式柜子的低处,孩子们就能一下子拿出来了。同时,为了防止他们从远处危险地搬运餐具,我将餐具都收纳在了离餐桌很近的一个橱柜里。

如果孩子觉得不方便,往往就会和大人一样嫌麻烦、不愿做。但若是考虑到孩子的行动模式,建立收纳结构,说不定连不喜欢帮忙的孩子也会渐渐地主动帮忙。

餐垫要让孩子可以一下子从架子里拿出来。

餐桌上用的餐具,放在餐桌旁的橱柜里。

经常使用的食材要放在符合主色调的玻璃容器中

厨房的主色调是白色、黑色和银色。被这些颜色围绕着，会感觉很舒服。特别是做饭时，需要有"来，做吧"的动力，因此收纳容器和厨房用品要选择可以轻松使用，并且自己喜欢的东西。

经常使用的调味料和干货等食材，要用可以看到存量多少的玻璃容器来"镂空收纳"。另外，在厨房里采用银色和玻璃，就像在冰箱里采用白色和玻璃一样，若是主色调和质感相契合，就会产生一致感。

这样做不但外观清爽，更重要的是一下子就能找到需要的东西，效果是一举两得的！所以，用喜欢的颜色加上玻璃材质，打造自己喜欢的厨房吧！

厨房里放置的容器，采用银色+玻璃会显得很时尚。

白色冰箱里使用的容器，白色+玻璃也会有清爽的效果。

将调料装进统一的容器中

使用盖子颜色不同的调料瓶,会显得有些杂乱,因此要换成银色盖子的透明塑料瓶,在盖子上贴上标签,让人一目了然。

有一次,我在进口食材商店里,发现了用透明瓶子装的调料,因为觉得换装麻烦,就直接改买这种调料了。

我把这些看起来有一致性的调料放在篮子里,要用时从柜子里拿出来即可。

用单词本记录调味汁的使用秘诀

在料理书上看到"只要有这个,一切都没问题"的万能调味汁时,我会记下自己喜欢的那种。

这种万能调味汁的好处是方便,肉炖好后淋一点、蔬菜汆烫好后拌一拌即可,所以只要写下制作调味汁所需的调料分量就好。此时发挥作用的便是单词本。它不占空间,可以放在放置厨房工具的抽屉里,需要时立刻就能拿出来。而且能随手查阅,也可以摊开放置,非常方便!

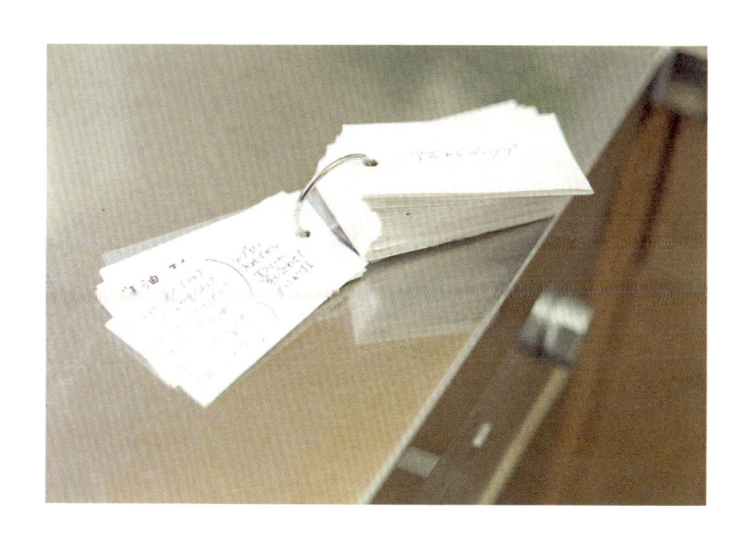

提高动力

犯困的早晨，或者下班疲惫归来的晚上，都会觉得做饭很麻烦。这时如果不知道家里有什么食材，不翻找一遍就无法决定做什么的话，会让自己"啊，不想做饭"的心情越来越强烈。

不过，要是打开冷藏室或冷冻柜，发现里面储存的东西都一目了然呢？一打开就能知道冰箱里有什么，这样可以马上决定菜谱，比如"今天有茄子和肉馅，做麻婆茄子吧"，心情也会变得轻松起来。

在我家，装蔬菜的塑料袋是透明的，没用完的蔬菜会统一用密封盒装起来，以便看到里面有什么。冷冻肉类时，也会把肉用透明的密封袋装起来，竖着放置。若是一层层叠放食材，就会忘记下面放了什么，所以常常发生"啊？这是什么时候的"这种情况，造成浪费。

蔬菜装在透明塑料袋里，没用完的蔬菜放在密封盒里，使它们可以被看到。

冷冻食品竖着存放，可以一眼看出有什么存货。

这里只放这些

我刚开始做整理收纳工作时,总是为很多客户囤积了过多存货而感到惊讶。罐头、咖喱等虽说可以长期保存,但毕竟是食材,放置太长时间后,味道就会变差。因此,需要为这些东西设定放置的地方,并注意控制存量。

我家是四口之家,只需保存两个小抽屉的量即可。对于必需品,我会随时补足固定的量。发生灾害时,可以吃到熟悉的味道也是一件令人安心的事情。

塑料袋类只放在这里

垃圾袋、洗碗布等都存放在这个抽屉里。如果存货减少了,我会立刻补充上。

买回新的塑料袋后,若把外包装拆除,使用时就可以更快地拿出来,这样会很方便!而且我的特点是,尽量将物品直立起来收纳,以便可以看到有什么、哪些快用完了等。

在这里,为了避免颜色过多,你可以选择白色的隔断,消除视觉上的压力。

以最大容量为衡量标准

给孩子准备的大包零食,只要多一袋,就很容易放不下了。

因此,收纳类似零食等体积大的物品时,建议从一开始就准备一个比较大的空间。

而且要把握适量原则,严格遵守"只买这里能够装下的量"的规则。这样可以防止东西放不下的情况发生。

专栏

采访铃木家的家人

母亲眼中的女儿

在我家,能做到将打开的门关上、把拿出来的东西放回去的人,基本上只有女儿。她偏向左脑型,做事很有条理,以至于我总是在认真地想:"这孩子到底是谁生的呢?"我因为出门忘记带东西而惊慌失措时,这个上幼儿园的孩子就会说:"妈妈啊,你要是前一天准备好就没事了。"她说得很对……

女儿眼中的母亲

我也变得擅长收纳了。

我觉得这是因为我总是看着妈妈整理屋子。妈妈会把所有东西都拿出来,分成要的和不要的。我也会这样整理。

为什么要收纳呢,当然是因为脏了之后乱糟糟的,会让人心情不好。

变得整洁后,心情也会变得很好。

而且,把房间整理好,朋友也会说"真干净啊"。

要不然就会被人说"怎么这么脏啊"。

所以,我会整理!

衣　櫥
Closet

关于衣橱

衣橱是直接和时尚相关的地方。

这里要是使用起来不方便的话,就会打理不好自己,一整天都会心情郁闷。

因为同时从事造型工作,我对于衣橱收纳会有自己的坚持。首先,要随时保持在一眼就可以看到自己拥有什么的状态,这样平时就可以完全掌握自己的衣物。

如此一来,在杂志上看到喜欢的搭配时,也能很快地用自己有的类似衣物搭配起来,比如"这件和那件搭配在一起,就可以穿成这样的风格"。

很多人拥有许多衣服,却依然感叹"没有穿的"。实际上,并不是没有衣服,而是忘记自己有哪些衣服了吧。结果,陷入了不断购买类似衣服的恶性循环之中。每天早上都不知道怎么打扮,一直在和衣服战斗。

另外,挂在衣橱里的衣服都紧紧地挤在一起,抽屉也被塞满到关不上,想穿的时候,衣服都是皱巴巴的,而且也经常被弄坏。

是否有人因为早上时间紧张,就穿着这样的衣服出门了呢?

衣橱是可以看出一个人有多重视自己的地方。穿着皱巴巴、脏兮兮衣服的人，即使那是再昂贵的名牌，也总是让人感觉很乱。相反地，如果是穿着整齐衣服的人，就会让人感觉安稳、舒服。

这就意味着，要尽力将衣橱里的衣物控制在自己可以管理的数量以内，留有空余的空间，以便日常收纳，不要将衣服挤压得像压缩饼干一样。

我家的衣橱没有门，为了防止灰尘弄脏衣服，会使用防尘罩。至于放进抽屉里的衣物，我会确定直立收纳的规则，以此达到一目了然，任何时候都是"ready to wear（马上可以穿）"的状态。

"临时放置碗"

接孩子放学或者自己下班后，需要连忙准备做晚饭。为了方便这样忙碌的人，在厨房里可以准备"临时放置"首饰的地方。准备做饭前，把首饰临时放进这样的碗里，就可以减少类似"我摘下的戒指，明明放在厨房料理台上了，奇怪啊，跑去哪里了"之类的烦恼。

这样的"临时放置碗"被装满之后，再把首饰挪放到衣橱、卧室等处的正式首饰盒中，然后把"临时放置碗"重新放回去即可。要戴首饰的时候，只需要在这两个地方寻找就可以，非常节省时间。

怕麻烦的我，很适合这种宽松的规则。不需要每件物品都被严格收纳好，偶尔可以另辟蹊径，试着寻找符合自己个性的方法。

在厨房的窗边,用陶碗临时放置首饰。

"临时放置碗"装满之后,就把首饰移到正式的首饰收纳处。

收纳的艺术

选择适合衣服的防尘罩

你知道防尘罩也有各种各样的长度和形状吗？我在别人家经常能看到很长的长款防尘罩。这种防尘罩适合收纳大衣、连衣裙等，但不适合挂在不高的地方，收纳夹克等较短的衣服。

因此，我选择在专卖收纳用品的网络商店——"收纳之巢"，购买正好七分长的防尘罩。因为能够看到露出的袖子部分，这样一来，选衣服时就不必一个个打开防尘罩了，非常方便。

选择设计一致的衣架

想要整理衣橱时，首先要选择整体上设计一致的衣架。这样不但外观会立刻变得时尚美观，而且可以避免因衣架粗细不一而占据过多的空间，减少衣物的可收纳量。

我选择的两种衣架分别是轻薄的木制衣架和丝绒衣架，节约空间的同时，也增加了约两倍的收纳量。

另外，衣橱是容易显得颜色杂乱的地方，所以要统一收纳用品的颜色，营造清爽的气氛，这一点很重要。

收纳的艺术

要一下子就能取出

裤子请用专用的衣架或者裤架收纳。收纳裤子时,最重要的是可以一下子就能拿出要找的裤子。

衣架款式是三角形的,一侧为空,这样就可以一下子抽出裤子来。一次能够收纳很多条裤子的裤架,也要选择拉一下就好的类型。如此一来,早晨赶时间的时候,就不会出现怎么取都取不出来的麻烦,而且脱下裤子之后,也能很方便地放回去,优点很多。

我和丈夫很容易将脱下来的衣服随手放在椅子上,换成这样的收纳组合后,却很快就可以把衣服物归原处。

保持整齐状态的重点,是打造便于取出、放回的收纳结构。试着在网络商店等地方,寻找自己喜欢的收纳用品吧。

拉住裤子的一端，一下子就可以抽出来。

丈夫的大量裤子，收纳时使用从上方挂取即可的大容量裤架。

收纳的艺术

做到一目了然

　　和冰箱里的储存方法一样，T恤、披肩等放在柜子里的衣物，也要尽量避免重叠收纳。

　　叠放的话，总得一件一件地翻开，以确认下面有什么。渐渐地，就会觉得麻烦，变得只穿一眼看得见的、最上面的衣服。好不容易买来的衣服也就毫无用武之地了。想要享受打扮的乐趣、瞬间想好搭配组合，就得试着采用方便选择的收纳方式。

　　我把T恤、披肩等按同样的大小叠好，依照颜色排放在柜子里。容易出现褶皱的披肩就卷起来放置。不叠放的话，全部的衣物都可以一目了然，也可以消除"没有衣服穿"之类的烦恼。这样不仅能避免不断地买衣服，也能防止增加不必要的物品。

T恤配合抽屉的高度叠好,竖着放置。

披肩用"竖着放"和"卷起来"这两种方法收纳。

全身镜与踏垫

请一定养成这样的习惯,每天早上,在全身镜里看一下自己的装扮,客观地审视一遍。当然,别忘记穿鞋。

这时,全身镜与踏垫就能发挥作用了。你可以穿上搭配好的衣服和鞋,拿好包,看出"全身的颜色不协调",或者"上身穿太多了,脚上穿靴子可以平衡一下比例",再加以调整。如果想要变得漂亮,首先买面镜子吧!

穿过一次的衣服怎么办？

经常有人问我，穿过一次的衣服要怎么办。我觉得，如果不是内衣裤等贴身衣物的话，每次穿过就洗既不环保，也容易损害衣物。

对于夹克、裤子、不脏的衬衫等，我会先把画画用的架子当作临时放置的地方。在这里挂一天，等汗水干了之后，就可以放回到衣橱里了。我一般都是用鼻子闻有没有味道，然后再决定洗涤或送洗的时间。亲朋好友都笑我这个动作，说是像小动物一样……

收拾饰品是每年的乐趣

我有很多长项链，用来收纳它们的是某家精品店每年都会出售的情人节巧克力礼品包。我每年都会把它当作给自己的礼物买回来。

它的大小正适合收纳珍珠等体积稍大的项链。几个放在一起收纳，看着内心都很雀跃。

享受整理、收纳的快乐，才是维持整洁的秘诀。一旦自己身边充满"非常喜欢"或"带来好心情"的东西，就会突然感觉到干劲十足！

包按照颜色大致收纳

像包这样体积大、材质偏软且形状多样的物品，是最令人头疼的。并排放在柜子里时，每次拿出一个，其余的就会倒下来，令人很烦躁。

我是个粗线条的人，适合把包大致摆放在盒子里的收纳方法。若是事先按照黑色、褐色等颜色分类，搭配时只要知道"黑色的小山羊皮单肩包在这个盒子里"，就能很容易地找到想要的包。依照颜色，在盒子里挑选即可。

无法丢弃的

　　这是以前奶奶送给我的串珠刺绣对襟毛衣。这件衣服充满了回忆，就留了下来。如同我在第2章里讲过的，这是不能扔的东西，所以在思考"要不要"时，我毫不犹豫地选择了留下。

　　这样有纪念意义的衣服，即使现在已经不流行，如果抱着"以后还会穿的！想要珍惜它"的强烈意愿，就一定会等到再次出场的时候。比如说，如果再流行复古风，我一定会珍惜地穿上奶奶的对襟毛衣；而之前流行美式休闲风格时穿的运动衫，我最近把它送给了儿子。

　　"现在用不到的东西"要收纳在高处，把触手可及的位置让给现在穿的衣服吧。

不好取放的地方，放着"现在用不到的东西"。

从奶奶那里得到的复古对襟毛衣是我的宝贝。

贴心收纳

从结婚以来,我一直很介意丈夫把脱下的睡衣随手乱丢、下班回家把公文包随便一放……

不过仔细想想,若是要男人把早上脱下来的睡衣叠好,再放进抽屉里,这个要求也许太高了。

注意到这一点之后,我准备了两个大筐,用来放脱下来的睡衣和带回来的公文包。换成尊重丈夫的价值观和性格的收纳方式之后,问题就很容易地解决了。

我把这命名为"贴心收纳"。

专栏

采访铃木家的家人

妻子眼中的丈夫

为了写这个专栏而采访丈夫时,因为他完全没有感受到"贴心收纳"中我的心意,所以觉得有点失望。(笑)他感觉很平常:"啊,还有这样的意图啊。"不过,转念一想,只要他可以整理好,这样也无所谓。毕竟,变得轻松的人是我自己。

丈夫眼中的妻子

妻子刚开始收纳时,寝食难安,时刻都在想收纳的事情,让人感觉难以亲近。

那时,我拿出东西后,就放不回去了。比如说,3厘米的东西必须收在1厘米的空间里。角度一变就放不进去,真是麻烦。而且会被妻子严厉地唠叨:"你怎么就是整理不好呢?!"(笑)我可不是整天都在专注整理啊。

现在这样"好取好放"的收纳方法,使我觉得家里变得干净了。以前大家一起过周末,家里会乱到令人心想:"竟然能乱成这样……"现在,所有的东西都有了自己的位置,我只要说一句"来整理吧",一下子就可以恢复整齐。

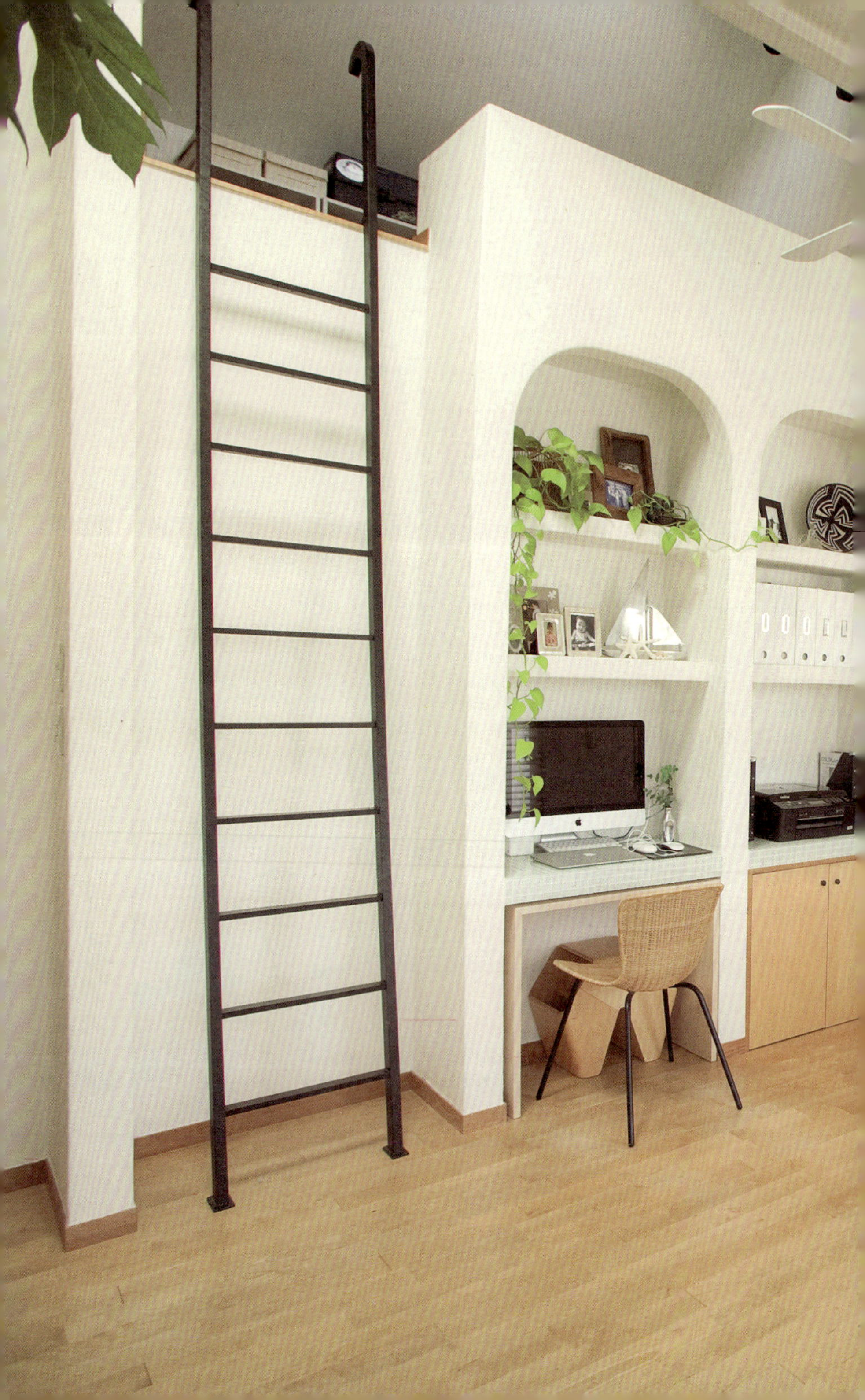

客 厅
Living Room

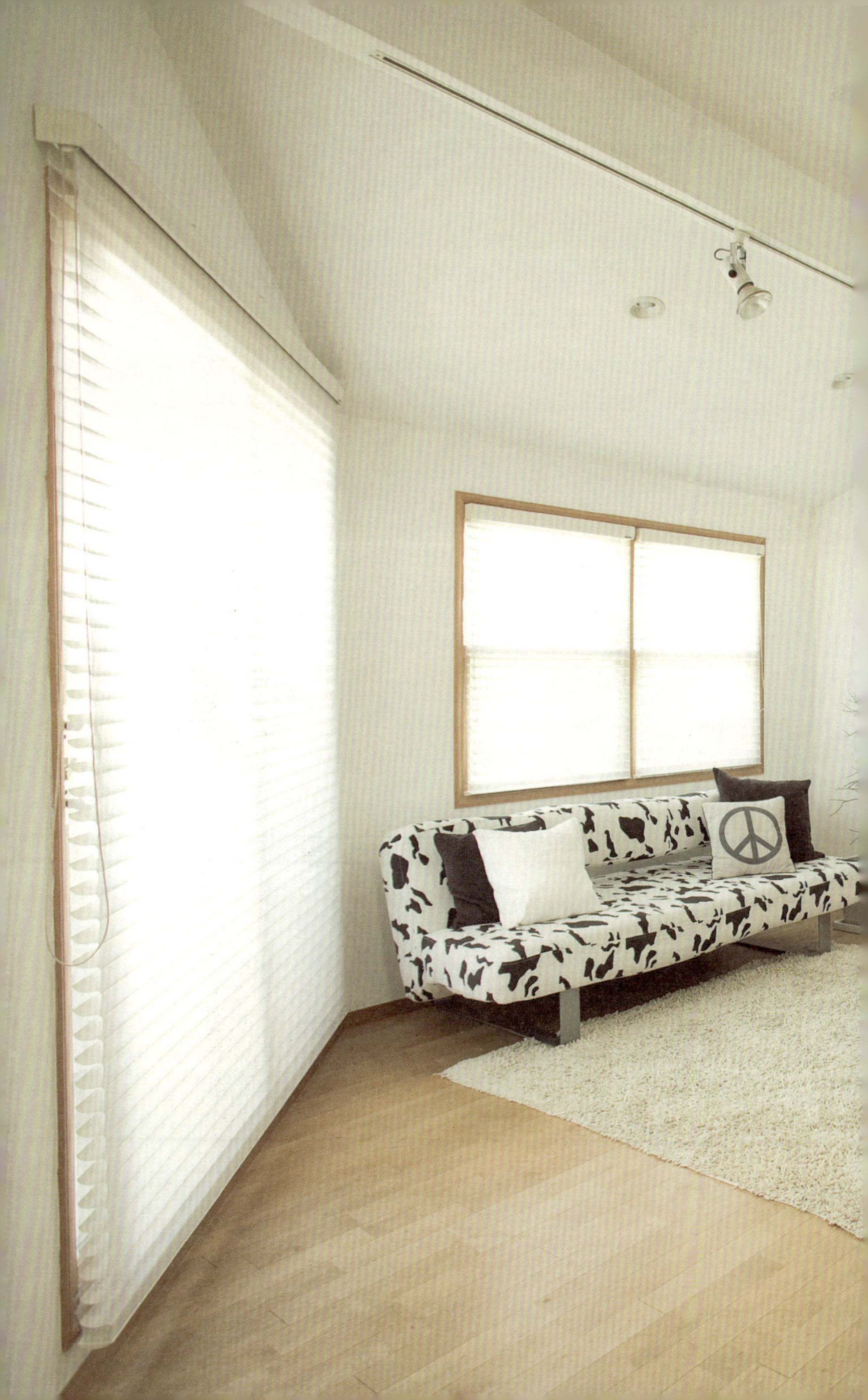

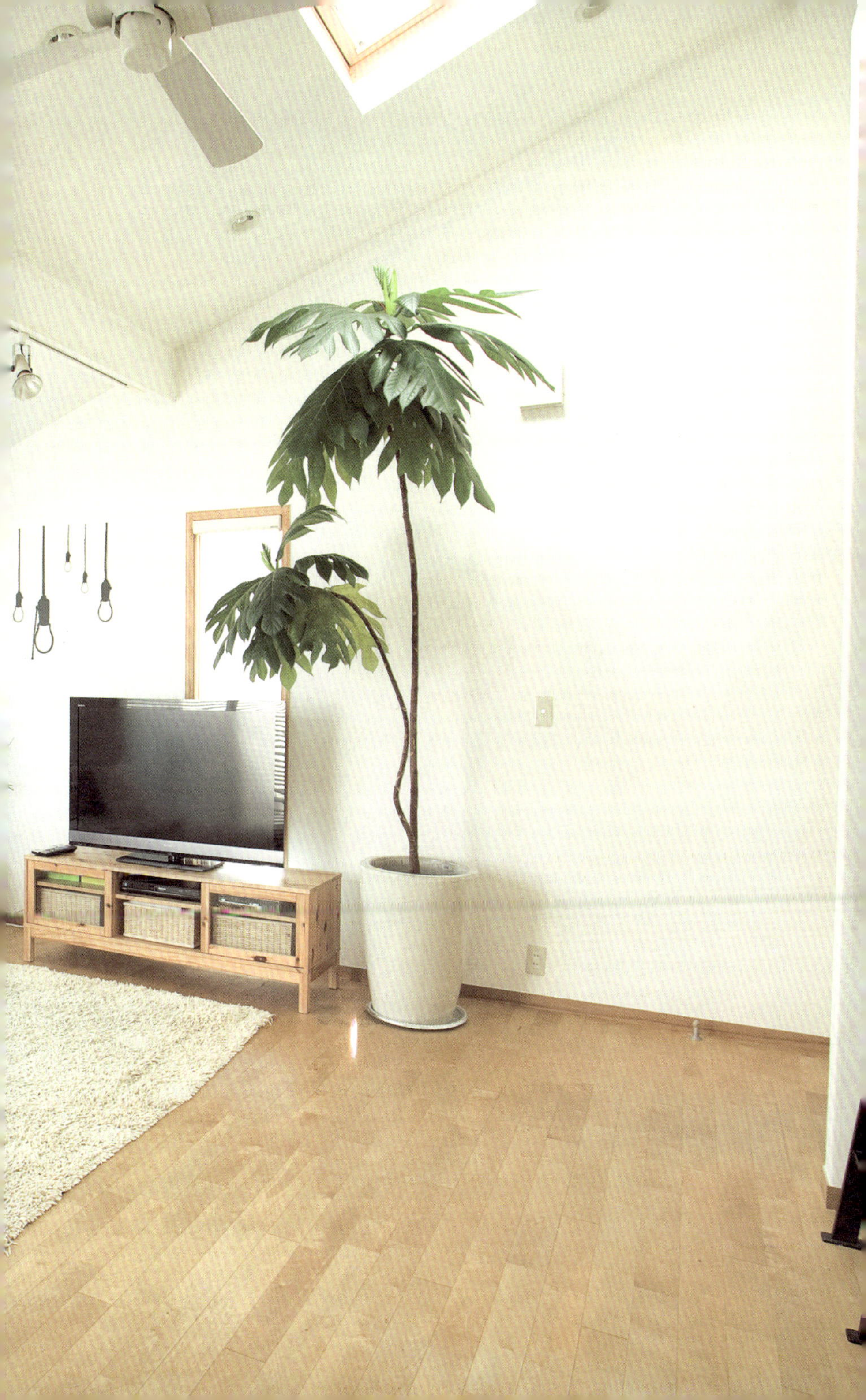

关于客厅

客厅是除了睡觉之外，家人共同度过时间最多的场所。所以，需要将这里设计成从公司、学校回来之后，可以放松的地方。

为此，我规定了三个原则——"物品尽量精简，用少量的空间收纳""基本颜色用白色、黑色和原木色，避免过多的颜色""藏起实用但不美观的东西"。

我家客厅的收纳空间非常少，仅有放电视的电视柜、墙面上的装饰柜，以及餐桌旁边放置客人用的咖啡杯等的抽屉而已。所以，放置的物品也要尽量精简。比如说，客厅里经常放的DVD，为了减少体积，我会去掉包装盒。同时，我也不在客厅放过多的文具，尽量避免浪费空间。

装饰柜也不仅仅可以用作装饰，必须有效利用起来。被当作桌子放置了电脑和椅子的装饰柜，也是我的工作场所。这里没有柜门，所以我在错误中摸索了好几次，思考要如何将工作所需的物品摆放得好看。

我将文件等放在一列白色的文件盒里，让它们本身看起来就像是装饰的一部分。

工作所需的物品，比如网络数据线、电线等，看上去就显得杂乱，让人觉得不安。因此，我用和打印机颜色一样的黑色文件盒把它们隐藏了起来，呈现出清爽的统一感。

在此基础之上，家人需要遵守"拿出来之后要放回原位"的规定。这样整理出的客厅，不仅能使自己舒服，也可以随时保持招待客人的状态。

减少体积

在我家,买了给孩子们的 DVD 之后,就会扔掉包装盒,把 DVD 放在每人一个的专用收纳夹里。

DVD 包装盒如果并列放十个的话,一个大约 1.5 厘米厚,共计要占 15 厘米的空间。但是用透明收纳夹的话,40 张 DVD 的厚度只在 3 厘米左右。DVD、CD 数量较多的家庭,可以养成这种收纳的习惯。

给每个孩子分配自己专用的收纳夹,可以让孩子们对自己的东西产生责任感。

大致收纳

对于右脑型的我来说，最苦恼的是琐碎的文件整理……因此，我适合把文件大致分类、放进文件盒的方法。

建立详细的文件收纳体系很浪费时间。若是有很多本文件夹，就必须拿出所有的来检查。整理不要的文件时，打开每一本再处理也很麻烦。但是，想着"只要在这本文件夹里找就行了"，选择轻松的收纳方法，反而不会囤积文件，进而减少寻找的次数。

收纳的艺术

能让人看到的都是喜欢的，不想看到的都隐藏起来

基本上，我是个想要把物品隐藏在收纳家具中的人，但是，如果无论怎样都无法完全收纳的话，我会选择适合装饰风格的收纳用品。

整齐地摆成一排的收纳盒，也会成为装饰的点缀。位置高的地方如果用深色，会让人产生压迫感，所以我选择和柜子同色系的白色，营造随意的开放感。

此外，我尽量不把数据线、电器配件等看起来不美观的物品暴露在外面，而是采用放入喜欢的文件盒的方法来进行收纳。我选择了我家的基本色——黑色，这样可以和旁边的打印机呈现出统一感。拥有白色电话、打印机的人，请选择白色的文件盒。

在客厅用的文件，统一用"G Classer"牌的盒子收纳。

和打印机相衬的黑色文件盒，可以遮住数据线之类的物品。

思考变成什么样才好

　　刚住进这里时，当时还是家庭主妇的我并没有打算开始工作，自然也就没有我的书房。所以只好下一番功夫，将客厅的收纳柜当作我的工作间。

　　我打算让这里变成不用时可以马上收起来，用的时候可以提升工作效率的地方。因此，我根据柜子的高度和宽度，设计了尺寸正好吻合的木桌。思考变成什么样才好，结果形成了"连桌子也可以收纳起来"的形态。

由最不会整理的人做决定

长子和我很像,也不会整理,经常把用完的剪刀、指甲刀到处乱放。

因此,我问他:"东西放在哪里的话,你会比较容易拿出来,也容易放回去?"他指出了客厅收纳柜底部的某个抽屉。

不能配合最擅长的人的标准来打造收纳结构,而是要配合不擅长的人的情况,这才是保持整洁状态的关键。

结果,长子随手乱放的情况大幅减少,我也很少生气地喊着"喂!又不放回去!"了。(笑)

为了在此处完成工作而归类

预先把做某些工作相关的物品归类、收纳在一处，就可以顺畅地完成工作。

比如快递用品。事先把剪刀、裁纸刀、胶带、快递单、圆珠笔等放在一起的话，只要拉开抽屉一次，就能完成这件事。

制作点心和手工艺的兴趣用品、指甲护理用具等，也是一样。为了在一个地方完成工作，请将物品归类收纳。

思考方便收纳的方法

我不适合将名片、重要卡片等一张张仔细收起来的收纳方法。所以，我把名片按照职业分类，放在一个大盒子里，这样可以便捷地管理。在这个盒子里放的名片多了，找某个人会变得不方便，那时我就再整理一遍，比如把它们按照字母顺序排列等。

医院的挂号证也像这样放在盒子里，需要时直接装在包里带出门。整理时不费时间的方法，就是最好的方法。

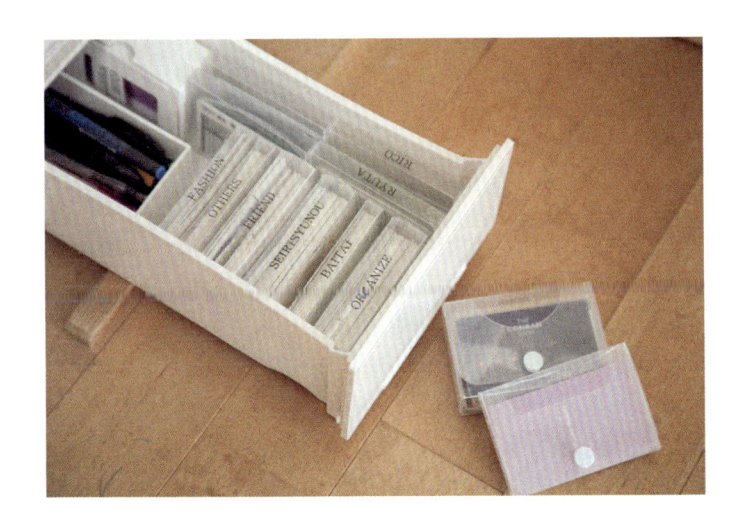

储物室
Pantry

关于储物室

家中再次装修时,我一直烦恼该把结婚时买的棕色餐具架放在哪里。它不符合新客厅的风格,但是我又有点恋旧,不想扔掉。

因此,我决定在厨房旁边打造储物室,用来收纳餐具架等物品。储物室可以经由厨房或者走廊进来,此外,因为客厅和浴室几乎没有收纳空间,所以这里存放着各种各样的消耗品,比如储备食材、清洗剂、卫生纸等。在这个存放了各种物品的地方,明确各类物品的收纳位置是关键。同样重要的还有考虑家人的使用习惯,让他们容易找到物品。

大致收纳与利用深度

对我来说，过多的颜色、文字会对视觉造成压力。所以，我准备了两个大收纳盒，用来放降温贴、暖宝、卫生纸等生活消耗品。

首先，要思考在里面放什么，确定数量之后再选择收纳盒。先决定想放的东西，再选择容器，这是收纳中最基本的事。要是买了之后却发现放不进去，最后就会造成浪费。

在我家，这个收纳盒放在储物室的柜子里。同时利用柜子的深度，在盒子后面存储清洗剂。比较深的地方，分前后使用会更有效率。这时，将零散的东西放入盒子里，使其方便拿出，再把盒子放置在柜子的外侧即可。如果只是把物品排列放置在架子上的话，就会看不到后面的物品，甚至忘记有这样物品。

卫生纸等零散的东西，先放进收纳盒，再放置在柜子外侧。

放收纳盒的柜子内侧，可以直接放置大瓶的洗衣液等。

毛巾的收纳

　　毛巾可以大致分为浴巾、手巾这两类,分别收纳在两个地方。

　　关于浴巾的收纳,我会将原本上部开盖的收纳盒放倒,横着使用。这样,就可以省去"把盒子从柜子里拿出来"的动作,直接打开盖子。配合自己的目的,创造出收纳用品的特殊使用方法时,会让人格外高兴。(笑)

　　手巾放入篮子中,收纳在浴室里。这里只有开放式的柜子,所以可以选择看到时感到愉悦的、喜欢的篮子。

　　经常被当作赠品的毛巾,一不小心就会有很多。所以在我家,包括备用品在内,规定每种毛巾一人只可以有两条。

把上部开盖的盒子横放,将毛巾卷起来收纳,易于取放。

手巾放在喜欢的篮子里,采取看得见的收纳方式。

能马上清扫的收纳方式

一听到清扫两个字就会变得郁闷吧？我就是这样。（笑）因此，为了让心不甘情不愿的人一起身就能开始干活，我会将清扫用品事先放在各处。

比如说，把树脂海绵剪成方便使用的大小，收纳在浴室、厨房、客厅等处。另外，为了能快速拿出清扫用品，可以先花点时间将抹布去掉包装，并把小苏打和喷壶放在一起。

正因为不喜欢清扫，所以更要勤奋地随手擦去污渍。像我一样不希望大动干戈的人，请试着把清扫用品放在"可以马上开始清扫"的位置。

选择白色、透明、浅色的清扫用品。

把树脂海绵放在漂亮的白色瓷器里,常备于洗面池旁。

浴　室
Bathroom

关于浴室

我家是浴缸和厕所在一起的浴室，特别为追求装饰性而设计，因此会有收纳空间少、不方便使用的缺点。

不过，如果换个角度来看，因为只能摆放仔细挑选过的东西，所以也可以避免化妆品和清洗剂等物品过度增加。特别是在我不擅长打扫的情况下，如果乱糟糟地充斥着一堆东西，那么无论是用吸尘器吸，还是用抹布擦，都要先整理，实在是很麻烦。所幸我家浴室摆放物品少，打扫起来很简单。

这里是所有家人，以及来访客人使用的地方。我希望它脏了能够立刻恢复干净。

消除麻烦

你有没有想要从浴室的橱柜里拿化妆水,结果一不留神碰倒其他东西的经历呢?像我这样急性子的人,经常会做这种事。

无论如何都觉得很麻烦,于是我开始在错误中摸索,尝试各种解决方法。结果发现,只要把物品排放在透明的浅盘里,它们就会变得稳定。如果手不小心碰到其他物品,边缘也可以挡住,防止各种物品噼里啪啦地掉下来。一定要试着解决这种问题,消除小麻烦!

收纳的艺术

可以随身携带的收纳方式

我家没有梳妆台之类的东西,所以我就在浴室或客厅化妆。

因此,为了能把化妆品、刷子等化妆用品搬来搬去,我将它们全部收在了篮子里,放在浴室的柜子上。

女性有增加化妆用品的倾向。我也曾有很多,但是现在这里放的都是经过仔细挑选的,这也可以缩短化妆时间。

两处收纳也可以

实际使用的地方，就是适合这个物品的收纳场所。如果同样的东西在两处都会使用，那么收纳场所也可以有两个。

比如说，女儿的头绳、发夹等，就属于这类物品。早上没时间，有时我会在她去幼儿园之前，在餐桌旁迅速地帮她梳头发，有时也会在浴室镜子前帮她梳好。

因此，这些发饰就放在餐桌旁的橱柜里和浴室洗面池旁。取下它们时，也只要放回到这两个地方中较近的一处就好。

餐桌旁的橱柜原本就是隐藏式收纳，所以只要把发饰放在合适的杯子里即可，但在浴室里，容器只能直接放在洗面池旁边，因此我选择了漂亮的瓷器。

浴室是可以看到的收纳，所以选择漂亮的瓷器。

装着女儿头绳的玻璃杯，就放在餐桌旁的橱柜里。

防止文字过多

清洗剂包装上的文字极尽夸张。我特别不喜欢"超亮白!"之类的文字所发出的信息。

不过,因为使用替换瓶的时候,我总是容易把清洗剂洒出来,所以,我经常使用的还是市面上售卖的清洗剂。撕去外面的塑膜之后,就变成了简单的白色瓶子,可以将自己喜欢用的洗衣液、柔顺剂等装进去使用。

专栏
采访铃木家的家人

母亲眼中的儿子

儿子的个性和长相都很像我。他也继承了我偏向右脑型的个性，不擅长整理。但是，一眼看清楚就能跟着感觉走的方法倒是对他很有用，比如按颜色分类收纳等。此外，我们会一起思考："现在怎么做才可以比之前更容易收纳呢？"结论是，减少拥有的东西，同时减少抽屉里的物品，这样就可以使物品容易归位，从而便于整理。

儿子眼中的母亲

虽然我觉得整理很麻烦，但是整理完之后，心情会很轻松。和之前相比，东西减少后，整理变得更容易了。我想这是因为放置的地方变得清楚了，所以整理时也不会犹豫了。

妈妈有时会唠叨我不会整理。不过她温柔地教我怎么样才能做好的时候，我会很开心。比如，我总是忘记带要交的作业。于是，妈妈让我带着两个分别写了"带回家的""要交的"字样的透明文件夹去学校。她说："文件夹上有图案的话你会忘记，所以就用透明的吧。"妈妈会教我不让我感到困惑的方法。

我长大以后，希望和会整理又不唠叨的女人结婚。

儿童房
Kid's Room

关于孩子的收纳

儿童房是由上小学的儿子和上幼儿园的女儿共用的。等他们长大后，会改成隔间，让他们拥有独立的房间。我认为孩子们的喜好会发生变化，因此除了桌子以外，家具都用的是我和妹妹在娘家使用过的。

他们更小的时候，衣服、玩具的收纳都是放在一起的。但是随着年龄的增长，他们开始将东西乱七八糟的责任互相推到对方身上。为了让他们对自己拥有的东西产生责任感，我划分了他们各自的地盘。

每个孩子的个性、擅长和不擅长的事都不一样。

儿子和我一样，是完全右脑型的人，凭感觉做事，不适合太细致的收纳方式。相反地，女儿偏向左脑型，可以严格地分类并整理。因此，如果不设计出符合他们个性的收纳方式，就没办法让他们将拿出来的物品放回原处。

现在，洗完衣服后，他们可以自己叠好衣服、放在抽屉里，也可以自己选择出当天要穿的衣服。

此外，物品增多之后，孩子们还会定期地从"选择"步骤开始整理，为了让自己使用方便而重新审视已有的收纳方式。

这是因为我家的规定是：不往家中带超出收纳容量的东

西。所以他们会努力整理，否则就会没有生日礼物或圣诞节礼物。

女儿更擅长这项工作。儿子说着"啊？这可怎么办啊"的时候，女儿就会说："哥哥，首先要把所有的东西都拿出来！然后……"（笑）

在装饰上，家里只有儿童房是独特的。我家的主色调是白色、黑色、棕色等，但是为了让孩子们有快乐的空间，这里使用的是令人觉得热闹的颜色。这时，用针织品增添色彩是最方便的。更换家具是一件大工程，但是床罩、窗帘等布料会脏、会破，所以可以定期更新。

建议你将孩子们的画装在彩色的画框里，挂在墙上当装饰品。这样既可以营造轻松的气氛，也可以感受到孩子的成长，更能让全家人觉得开心。

认为"孩子们自己无法整理是理所当然的"，觉得孩子放弃整理也没关系，未免有点独断。如果设计了恰当的收纳结构，让孩子们能够练习，他们一定可以掌握适合自己的收纳方法。

收纳的艺术

给随手乱放的玩具指定位置

以前，儿子的游戏机总是丢在客厅的地板上。理由是不知道该把游戏机放在哪里。

如果希望孩子变得擅长整理，我推荐用"一个收纳盒放一样物品"的规则，建立收纳体系。这样孩子就会知道"游戏机的家是这个盒子"，便于他们自行管理。

换成这种收纳方法之后，孩子也可以理解只能拥有不超过收纳盒容量的玩具，而且也不会乱放玩具了。

孩子能握住物品之时，就要开始学习整理

想让孩子养成收纳的习惯，首先需要试着从大致收纳开始。

孩子能握住物品的时候，就可以开始学习整理了。妈妈将孩子拿出来的玩具整理到某个程度，说着"收拾干净了"，让孩子把最后一个玩具轻轻地放进篮子里。孩子会心想：如果整理得好，会得到妈妈的夸奖，而且整理干净会让妈妈开心。这样可以让孩子形成"整理是件好事"的意识，并渐渐养成整理的习惯。

考虑什么方法最合适

儿子和我一样是右脑型,收纳时,不适合一下子全部考虑清楚的方法,而是适合条件反射一般凭感觉行动的方法。

右脑擅长从颜色联想事物。儿子会将学校的讲义按照科目,分别放进不同颜色的文件夹。他说数学是蓝色的,语文是红色的。根据这样的印象,他可以迅速地找到文件夹中的材料。

相对地,左脑型的人比起颜色,更容易辨识标签上的文字。

孩子的 T 恤也采用和大人一样的收纳规则

小孩子没有办法从堆积如山的东西里拿出下面的物品。如果告诉他们从柜子里抽出喜欢的 T 恤,他们会说好,却一定会把放在上面的衣服弄得乱七八糟。要把衣服重新叠好的人只有妈妈……

为了避免这样的麻烦,要将他们的衣服像大人的一样,采用"叠好直立"的方式收纳好。如此一来,所有的衣服就可以一目了然,你也可以从"妈妈,那件衣服在哪里"的问题中解脱出来。

卧 室
Bedroom

卧室不是放东西的地方

刚结婚时,住的房子卧室很小,所以我们养成了白天都待在客厅的习惯。建造这个房子时,我们夫妻都觉得,只用来睡觉的卧室小点儿也没关系,把空间留给其他地方吧。同时,我们商量后决定避免卧室里的东西过多。

要考虑到卧室最重要的功能。为了消除一天的疲惫,储备明天的能量,我们需要能够安静睡觉的环境。因此,卧室里没有放太多东西。临睡前读的书和杂志,也不会直接放在卧室里,而是会在早晨带去客厅。养成不堆积物品的习惯,是维持舒适空间的关键。

玄关
Entrance

关于玄关

　　从小，我就听妈妈说："玄关不干净，小偷就会来！"而且也听说过"三岁看大，七岁看老"。这些话直到现在都印在我的脑海中，所以我会让孩子们把鞋摆整齐，并告诉他们只把必要的鞋子和雨伞放在这里。

　　另外，我家是三代同堂，玄关是和公公婆婆共同使用的。因此，规则是尽量不在这里放个人的东西。

　　我特别喜欢鞋子，特意打造了一个鞋柜。除了家人共用的鞋柜之外，还有我自己专用的。玄关是一个家的门面。为了维持舒适的空间，要注意这里的收纳和装饰。

把必须放在这里的东西收纳起来

玄关要尽量保持简洁,不摆放东西。打开大门,造访的客人、下班归来的丈夫首先看到的就是玄关。这里如果干净的话,从一开始就会觉得心情舒适。

但是,我有两件"放在这里很方便",不得不放在这里的东西——女儿骑自行车时使用的头盔和拖鞋。如果看得见它们的话,视觉上会显得杂乱。所以我把它们收纳进两个喜欢的、大小不一的筐里,变成装饰的一部分。

喜欢的鞋子按颜色收纳，便于搭配

我最喜欢鞋子。只是看着鞋柜，我就可以看到出神。

这些鞋子，并非鞋跟而是要鞋面可见，就是鞋尖朝外摆放。按照颜色一字排开的鞋子仿佛在对我说："穿我吧。"这时，就能毫不犹豫地选择今天想穿出门的鞋子。

但是，喜欢鞋子的我在买新鞋的时候，也会记得丢掉一双坏了的、不能再穿的鞋子。

其他
Others

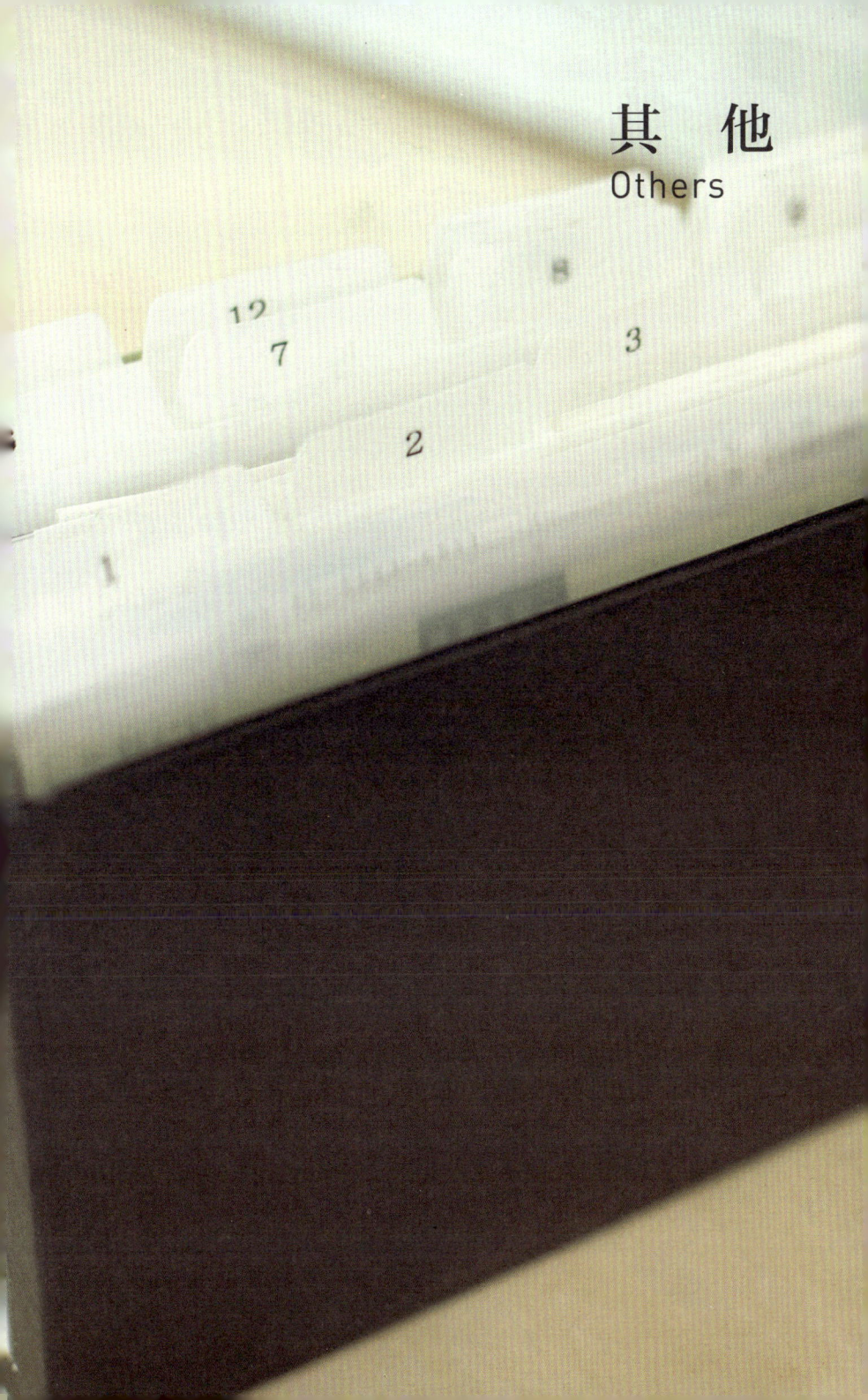

不知该放在哪里的东西

买东西拿到的纸袋、新年收到的贺年卡,以及孩子从学校带回来的通知信……"这些该怎么办才好呢?"我经常会听到客户问这样的问题。这些东西和自己的意志无关,不理会的话会越堆越多,所以需要留心淘汰的频率。

越是不知道该放在哪里的东西,越是要配合自己的行为模式和惯用脑,优先决定它们的放置地点。因为在家里最先开始散乱的,大多是这样的东西。

有意识地决定收纳位置,设定"这里满了怎么办"的规则之后,桌子上就不会堆积太多东西。

孩子的资料

我经常听到有人说,不知如何管理孩子从学校带回来的通知信等资料。如果没有处理好的话,就会被孩子埋怨:"全班只有我忘记了……"

一定要系统地管理资料!

需要填完送回学校的东西,现场写好交给孩子。如果是本月的计划等就记在笔记本里。然后,将需要保存一段时间的东西放进文件夹,采取满了之后重新检查的规则。

需要保存一年的学校灾难应急措施等,可以放在别的文件夹里,这样就能有条理地整理完学校的资料。

需要保存一年的资料,放在透明文件夹里。

"保存一段时间"的资料,等文件夹满了再整理。

给要熨的衣物和要还的东西规定好摆放处

我在整理收纳服务中，帮助客户进行要或不要的选择时，经常会发现几样令客户说"啊！这个要还给朋友"的东西。不是自己家的东西，更容易散乱在家中。

另外，我也经常看到需要熨烫的物品，以"先放在这里"的姿态，被一直放在椅子上。

给这种会暂时出现的东西确定一个正式放置的地方吧！如此一来，就可以避免总是发生忘记归还东西，或者熨完衣服后发现"还有一件"这样的事情，并且可以减少负面情绪。

容易散乱的"要熨烫的东西",有地方放就会变得整洁。

指定一个地方用来放借的东西,可以防止忘记归还。

纸袋的收纳

女人会忍不住积攒下来的物品，就是买东西时的纸袋。（笑）我提供收纳服务去客户家中时，最后常发现数量惊人的纸袋！

的确，把东西还给别人，或者送东西给别人时，纸袋非常有用。不过，没必要占用太多空间。

在我家，规定只能用储物室架子旁的缝隙来收纳纸袋。即使是自己喜欢的品牌的纸袋，这里要是放不下的话，也会被丢掉。

旅行用品的收纳

"走吧!去旅行吧!"你不觉得这种时候,要是准备好了放着护肤品等用品的小包,会很方便吗?我家四口人各自管理一个自己的旅行用小包。

在洗漱包里准备好自己常用的护肤品很重要。好不容易出门旅行,在陌生的地方出现皮肤问题,可真是让人无法忍受的事!所以,我也会避免积攒不需要的化妆品小样。

去游泳的时候,也可以把这个小包和泳衣一起塞在包里出发。

收纳的艺术

家庭账单按月份收纳

  我是粗线条的性格,刚结婚的时候,常常对管理财务感到不安。因此,结婚后有一段时间,为了掌握花费动向,我开始记账。每天从钱包里拿出单据,详细记账,真是一件很麻烦的工作。

  如今,我终于成为能干的主妇,每月的平均收支都记在脑海中,而且不会浪费,所以就不必再记账了。管理账单的方法也升级为按月份放在小文件夹里,只保存一年的方法。

包里的随身杂物放在客厅的篮子里

包也是穿戴搭配的一部分。女人总是想依照造型,搭配符合设计或色调的包,这也是享受打扮的一种方式。

包里的随身杂物很容易被随手乱放在客厅里,因此若是指定一个临时放置的地方,就会方便许多。我就在客厅的椅子上放了一个喜欢的篮子,用来收纳杂物。

将物品收纳的位置设定在容易散乱的地方,也是一种防止橱柜、桌面杂乱的方法。

轻松收纳信件、贺年卡

　　贺年卡等季节性信件的作用，在于传达赠送人平安幸福的信息。因此，确认了"这个人身体不错"等近况之后，这些明信片和信件就完成了使命。

　　在我家，将更换地址等信息写进通讯录后，会把它们大致放在盒子里，保存一年。迎接新年时，怀着"感谢"的心情和它们道别，等待新的信件到来。

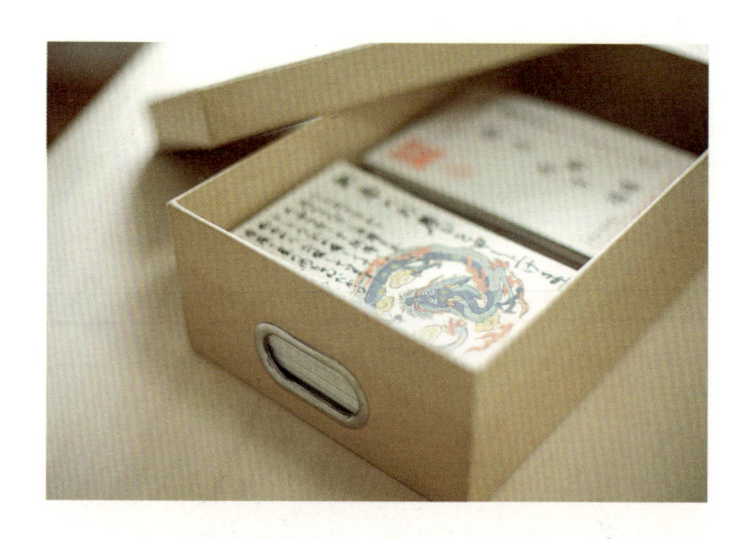

信件相关的东西要放在一起

考虑到复杂的人际关系，大多数人会觉得不尽早回复谢函、贺信等信件的话，"会显得很失礼"。因此，需要将便笺本、信封、邮票等相关物品放在一起，便于回信。

我家储物室的一个抽屉里，收纳着信件相关类别的所有东西。

"CRANE"的万用信纸套装和卡片，是我十年来一直很喜欢的商品。

整理理想

我从很久以前就喜欢杂志。现在已经休刊的《Vingtaine》杂志,我全部都买了。我现在也珍藏着一本文件夹,里面收藏着剪下来的、可以用作参考的报道。剪下杂志的内页,想着"希望成为这样",逐步整理自己的理想,慢慢培养出了我现在的服饰品味和装饰风格。

看到喜欢的一页,不妨试着剪下来,归类放在文件夹中。杂志的收纳规则请参考第 114 页。

孩子的纪念物品

孩子在婴儿时玩过的玩具、在幼儿园或学校画过的画等，总会令人内心涌现出怀念之情。这些物品是想要和回忆一起，永远保留的东西。

然而，由于数量庞大，很遗憾不可能全部保留下来。在我家，会选择留下"这个一定要保留"的物品。将小东西放在塑料盒里，绘画则放进大的透明文件夹里保存。决定留下来的，应该是不会影响生活的回忆。

后　记

　　委托我提供整理收纳服务的客户、听讲座的听众等，经常会寄给我记录后来改变的信件和照片。

　　其中有一位客户曾住在到处都堆满了衣服的家里。所有的墙壁都被东西挡住，连抽屉都关不上。但是，打造了自己风格的收纳结构之后，他寄来的照片上出现了一个漂亮的家，身边围绕的都是自己喜欢的物品。

　　大规模地整理之后，并不会过了一阵子又回复到凌乱的状态，而是能不断地精益求精，变成越来越令自己感到舒适的空间。这正是整理收纳术的精彩之处。

　　像这样得以看到大家的变化，对我来说，真是最高兴的时刻。再次见到他们时，每个人都像换了个人似的，脸上浮现着灿烂的笑容。当初哭丧着脸、说着"不会整理啊"的面容就像是不曾出现过一样。

　　我也衷心希望读完这本书的你们能够拥有理想的居住空间，以及如同秋天的天空一样澄净的心灵。

　　希望将来有一天，再在讲座等活动中和大家相会！

后记

　　最后，在本书出版之际，深深感谢为此付出努力的中经出版的宫胁先生、藤野先生，协助制作的神下先生，以及书籍制作相关的各位。我也要感谢一直以来支持我的工作人员，和为了我的写作而提供全力帮助的家人。

　　最重要的是买了这本书的读者、预定整理服务的客户、讲座听众、博客读者等，谢谢你们！

2012 年 10 月

铃木尚子

出版后记

也许每个人都曾面临整理的困境，因为我们总是会发现太多想拥有的东西。因为喜欢它们，所以想得到、想保留下来，这本应该会带给我们快乐和满足，但为何东西增多后，烦躁焦虑却反而渐渐变成了生活的主旋律？这也许是因为在快节奏的现代生活中，匆忙浮躁已经成为了常态，如果连家这个最后的休憩港湾都乱七八糟、不能让自己心情平和的话，那么焦躁指数自然会直线上升，工作、生活都将陷入泥沼、难以顺心。

怎么才能改变乱糟糟的现状，获得舒心的生活环境呢？你可能会去购买很多收纳用品，套用各种收纳技巧，或者干脆丢掉多数物品。这样一来，房间确实会整齐很多，但是不久之后却一定会故态复萌。无需惊讶，这是由于你有着自己的生活习惯，而别人的收纳方法无论多么完美，也无法彻底改变你长久以来的习惯。本书的特别之处便在于正视这种独特性，从整理内心开始，梳理思维脉络，剖析人格特质，审视所有物品，再结合实用的收纳框架，帮你打造出适合自己和家庭的收纳体系。

出版后记

阅读这本书，就如同是在收纳师铃木尚子家参观，听她讲述自己的收纳经验。你会逐渐想起收纳只是使生活变得更加舒适轻松的方法而已。请不要让收纳成为令你头疼的工作。

每个人都应该生活在被自己喜爱的物品所包围的舒适家庭中，这就是铃木尚子想传递给我们的想法。

服务热线：133-6631-2326　188-1142-1266

服务信箱：reader@hinabook.com

后浪出版公司

2016年10月

图书在版编目（CIP）数据

收纳的艺术：从整理内心开始，打造独属于你的舒适生活 /（日）铃木尚子著；郑悦译. —北京：北京联合出版公司，2017.1（2020.4重印）
ISBN 978-7-5502-9186-7

Ⅰ.①收… Ⅱ.①铃… ②郑… Ⅲ.①家庭生活—基本知识 Ⅳ.①TS976.3

中国版本图书馆CIP数据核字(2016)第282034号

MOTTO KOKOCHIII KURASHI
BY NAOKO SUZUKI
Copyright © 2012 NAOKO SUZUKI
Original Japanese edition published by KADOKAWA CORPORATION,Tokyo.
All rights reserved
Chinese（in Simplified character only）translation copyright © 2016 by Ginkgo（Beijing）Book Co., Ltd.
Chinese（in Simplified character only）translation rights arranged with KADOKAWA CORPORATION,Tokyo.
through Bardon-Chinese Media Agency，Taipei.

本书中文简体版权归属于银杏树下（北京）图书有限责任公司

收纳的艺术：
从整理内心开始，打造独属于你的舒适生活

著　　者：[日]铃木尚子
译　　者：郑　悦
选题策划：后浪出版公司
出版统筹：吴兴元
责任编辑：李　伟
特约编辑：俞凌波
营销推广：ONEBOOK
装帧制造：墨白空间·韩凝

北京联合出版公司出版
（北京市西城区德外大街83号楼9层　100088）
北京盛通印刷股份有限公司印刷　新华书店经销
字数121千字　889毫米×1194毫米　1/32　7.5印张
2017年1月第1版　2020年4月第5次印刷
ISBN 978-7-5502-9186-7
定价：48.00元

后浪出版咨询（北京）有限责任公司常年法律顾问：北京大成律师事务所　周天晖 copyright@hinabook.com
未经许可，不得以任何方式复制或抄袭本书部分或全部内容
版权所有，侵权必究
本书若有质量问题，请与本公司图书销售中心联系调换。电话：010-64010019

365日：永恒如新的日常

人气料理家渡边有子的365日生活美学
对生活的信仰，让每一个平凡的日子闪闪发光

著　　者：（日）渡边有子
译　　者：吴　菲

书　　号：978-7-5502-7227-9
出版时间：2016.12
定　　价：68.00元

烹煮暖心治愈的料理，拣选朴素却别具韵味的器物……生活在大都市东京的料理家渡边有子，始终坚持着一种简单而娴静的生活方式。这本小书，记录了她一年中如水般平缓流过的365个日子，用一个个质朴的细节还原生活本来的样子，也启示读者重新思索自己与生活的关系——纵然我们无法改变身处的环境，生活的选择权却始终握于自己手中。

内容简介

元旦清晨，料理家渡边有子坐在晨光中的餐桌旁，静静地祈愿"新的一年一切安好"。这本小书即由此开始，以一天一张照片、一则散文的形式，记录了她在这并不特别的一年中每天的生活日常。

清早起床烤面包的香气、夏日里冰葡萄酒的清凉、感冒时一碗葛粉汤的抚慰……日复一日平常生活中微小的幸福，常常让渡边有子心生感动，她用简单温暖的文字向读者呈现生活的朴素画面，并由衷生发出对日常之美的咏叹。此外，作为料理家的渡边有子也不忘传授她的私家料理食谱，使读者有机会亲手烹制让幸福感倍增的家庭料理。